DICTIONNAIRE

DES

SCIENCES NATURELLES.

PLANCHES.

ZOOLOGIE : INSECTES ET CRUSTACÉS.

STRASBOURG, DE L'IMP. DE F. G. LEVRAULT.

DICTIONNAIRE
DES
SCIENCES NATURELLES.

Planches.

2.e PARTIE : RÈGNE ORGANISÉ.

Zoologie.

INSECTES,

PAR M. ANDRÉ-MARIE-C. DUMÉRIL,
Membre de l'Académie royale des sciences de l'Institut, etc.

CRUSTACÉS,

PAR M. ANSELME-GAÉTAN DESMAREST,
Membre correspondant de l'Académie royale des sciences de l'Institut,
Professeur de zoologie à l'école royale vétérinaire d'Alfort, etc.

PARIS,
F. G. LEVRAULT, LIBRAIRE-ÉDITEUR, rue de la Harpe, n.° 81,
Même maison, rue des Juifs, n.° 33, à STRASBOURG.
1816 — 1830.

TABLE DES PLANCHES

DU

DICTIONNAIRE DES SCIENCES NATURELLES.

ZOOLOGIE.

INSECTES.

N.° d'ordre.	FAMILLES.	GENRES ET ESPÈCES.	RENVOI AU TEXTE. Tome.	RENVOI AU TEXTE. Page.	N.° du cahier.
		PREMIER ORDRE.			
		COLÉOPTÈRES.			
1	CRÉOPHAGES	Anthie à quatre gouttes..	2	203	3
		Cychre à bec............	12	277	
		Tachype doré	52	98	
		Calosome sycophante	6	266	
		Brachyn pétard..........	5	296	
		Bembidion à quatre gouttes.	4 S.	74	
2	*Idem*..........	Notiophile riverain.......	35	159	
		Omophron à limbes......	36	105	
		Scarite souterrain........	48	40	
		Manticore à mâchoires ...	29	79	
		Cicindèle sylvatique......	9	196	
		Elaphre riverain.........	14	285	
		Drypte échancrée........	13	541	
3	BRACHÉLYTRES ...	Staphylin érytroptère	50	401	4
		Oxipore roux............	37	180	
		Pædère riverain	37	221	
		Stène deux-gouttes	50	487	
		Fongivore lunulé	33	488	
		Lestève cimiciforme......	26	140	
	NECTOPODES.....	Dytique de Rœsel........	13	577	
		Hyphydre déprimé.......	22	349	
		Haliple imprimé.........	20	233	
		Tourniquet nageur.......	55	108	
4	PÉTALOCÈRES	Géotrupe phalangiste.....	18	447	
		Bousier lunaire..........	5	277	
		Aphodie du fumier.......	2	278	
		Onite sacré.............	36	132	
		Scarabée nasicorne.......	48	34	
		Hanneton foulon	20	266	
		Cétoine métallique.......	8	35	
		Trichie noble...........	55	201	
		Trox hérissé............	55	519	

N.° d'ordre.	FAMILLES.	GENRES ET ESPÈCES.	RENVOI AU TEXTE. Tome.	Page.	N.° du cahier.
5	PRIOCÈRES	Lucane cerf-volant mâle	27	259	8
		Passale interrompu	38	23	
		Synodendre cylindrique	51	483	
	HÉLOCÈRES	Sphéridie scarabéoïde	50	213	
		Scaphidie quatre-taches	48	27	
		Bouclier des rivages	5	255	
		Nécrophore enterreur	34	328	
6	*Idem*	Nitidule ferrugineuse	35	14	
		Silphe quatre-points	49	226	
		Parne prolonge-corne	38	3	
		Élophore aquatique	14	359	
		Hydrophile de poix	22	255	
		Dermeste du lard	13	92	
7	STÉRÉOCÈRES	Lèthre grosse-tête	26	142	16
		Escarbot en rein	15	294	
		Anthrène de la scrophulaire	2	216	
	OMALOÏDES	Lycte canaliculé	27	429	
		Colydie alongé	10	103	
		Cucuje ou Bronte testacé	5	349	
		Trogosite caraboïde	55	407	
		Ips des celliers	23	617	
		Mycétophage quatre-gouttes	33	490	
		Hétérocère bordé	21	112	
8	STERNOXES	Cébrion géant	7	329	11
		Atope cerf	3	282	
		Throsque dermestoïde	54	321	
		Taupin croisé	52	347	
		Bupreste neuf-taches	5	442	
		Trachyde menue	55	122	
	TÉRÉDYLES	Vrillette entêtée	58	510	
		Panache pectinée	37	311	
		Ptine élégant	44	68	
		Melasis flabellicorne	29	501	
		Tille mutillaire	54	373	
		Ruinebois dermestoïde	27	437	
9	APALYTRES	Ver-luisant, ord.re mâle	25	217	1
		= = femelle.	25	217	
		Omalise à suture	36	85	
		Lyque sanguin	27	442	
		Drile jaunâtre	13	510	
		Mélyre vert	30	21	
		Malachie à deux taches	28	133	
		Théléphore fauve	52	523	
		Cyphon pâle	12	395	
			14	354	
10	ÉPISPASTIQUES	Dasyte noir (mâle)	12	506	8
		Lagrie pubescente	25	126	

N.° d'ordre.	FAMILLES.	GENRES ET ESPÈCES.	RENVOI AU TEXTE. Tome.	RENVOI AU TEXTE. Page.	N.° du cahier.
10	ÉPISPASTIQUES... (*Suite.*)	Notoxe monocéros.......	2	202	8
			35	178	
		Anthice pédestre........	2	201	
		Méloë proscarabée (fem.).	30	16	
		Cantharide à vésicatoires..	6	485	
		Cérocome de Schœffer (mâle)	8	3	
		Mylabre de la chicorée....	34	12	
		Apale deux-baudes.......	2	269	
		Zonite apical...........	59	355	
11	STÉNOPTÈRES	Sitaride humérale........	49	343	15
		OEdémère podagre.......	35	400	
		Nécydale cou sanguin	34	333	
		Rhipiphore deux-taches...	45	375	
		Mordelle à bandes.......	32	515	
		Anaspe noire...........	2	103	
12	ORNÉPHILES.....	Hélops bleu............	20	505	
		Serropalpe denté.........	49	13	
		Cistèle lepturoïde	9	282	
		Calope serraticorne	6	261	
		Pyrochre cardinale.......	44	165	
		Horie testacée..........	21	426	
13	LYGOPHYLES.....	Upide céramboïde.......	56	288	
		Ténébrion meunier......	53	44	
		Pédine fémoral	38	215	
		Opatre gris	36	157	
		Sarrotrie mutique........	47	409	
14	PHOTOPHYGES....	Blaps présage-mort.......	4	452	
		Pimélie muriquée........	40	478	
		Eurychore ciliée.........	16	49	
		Akide réfléchie.........	1	414	
		Scaure strié............	48	43	
		Sépidie trois-pointes	48	484	
		Érodie bossue	15	210	
		Zophose tortue..........	60	549	
		Tagénie étranglée........	52	117	
15	MYCÉTOBIES ou FONGIVORES.	Bolétophage crénelé......	5	110	18
		Hypophlée châtain.......	22	378	
		Anisotome bicolore......	2	177	
		Agathidie quatre-taches...	1	290	
		Diapère du bolet	13	166	
		Cnodalon nébuleux.......	9	458	
		Tétratome des champignons	53	334	
		Cossyphe d'Hoffmansegg ..	11	11	
16	RHINOCÈRES.....	Bruche du pois..........	5	373	16
		Becmare curculionide	3	290	
		Anthribe large-bec	2	219	
		Brachycère de Barbarie...	5	296	

N.° d'ordre.	FAMILLES.	GENRES ET ESPÈCES.	RENVOI AU TEXTE. Tome.	Page.	N.° du cahier.
16	RHINOCÈRES..... (*Suite.*)	Attelabe du coudrier.....	3	290	16
		Oxystome de Pomone....	37	183	
		Charanson de la livèche..	8	171	
		Orcheste de l'aune.......	36	300	
		Ramphe flavicorne.......	44	433	
		Lixe paraplectique.......	27	87	
		Brente anchorago........	5	333	
17	CYLINDROÏDES ...	Apate capucin...........	2	271	11
		Bostriche cylindrique	5	166	
		Scolyte de l'orme........	48	177	
		Nécrobie violette	10	584	
			34	325	
		Clairon des abeilles......	9	351	
	Genres anomaux tétramérés.	Spondyle buprestoïde....	50	321	
		Cucuje pattes-jaunes......	12	138	
18	XYLOPHAGES.....	Rhagie mordace.........	45	304	8
		Lepture cotonneuse.......	26	95	
		Molorque raccourci......	32	394	
		Callidie arqué...........	6	250	
		Saperde du chardon......	47	309	
		Capricorne des Alpes	6	512	
		Lamie belle.............	25	181	
		Prione corroyeur..... ..	43	330	
19	PHYTOPHAGES....	Donacie à bandes........	13	426	17
		Criocère de l'asperge.....	11	422	
		Hispe testacée	21	247	
		Hélode du phellandrium..	20	502	
		Lupère pattes-jaunes	27	362	
		Galéruque de la tanaisie..	18	88	
		Gribouri soyeux	19	441	
20	*Idem*..........	Altise bordurée....	1	532	
		Clythre longues pattes....	19	439	
		Chrysomèle céréale.......	9	164	
		Eumolpe de la vigne.....	15	539	
		Alurne grossier..........	1	554	
		Erotyle bossu	15	216	
		Casside écusson.........	7	223	
21	TRIMÉRÉS.......	Dasycère sillonné........	12	503	28
		Endomyque écarlate	14	477	
		Eumorphe de Sumatra....	55	322	
		Scymne à écusson........	9	494	
			48	239	
		Coccinelle dix-neuf-points.	9	494	
22	*Idem*..........	= ocellée	9	490	
		= à plaie	9	490	
		Psélaphe hæmatique......	43	486	
		Chennie bituberculé	8	435	
		Clavigère longicorne	55	321	

N.° d'ordre.	FAMILLES.	GENRES ET ESPÈCES.	RENVOI AU TEXTE. Tome.	RENVOI AU TEXTE. Page.	N.° du cahier.
		DEUXIÈME ORDRE.			
		ORTHOPTÈRES.			
23	Anomides	Mante striée	29	76	1
		Phyllie feuille	40	99	
		Phasme géant	39	461	
		Blatte laponaise	4	458	
		Forficule parallèle	17	246	
24	Grylloïdes	Locuste très-verte	47	517	13
		Pneumore à papilles	42	45	
		Truxale nasu	55	548	
25	*Idem*	Sauterelle émigrante	47	521	
		Criquet deux-points	1 11	241 423	
		Gryllon des cuisines	19	532	
		Courtillière taupe-grillon	11	275	
		Trydactyle paradoxe	55	261	
		TROISIÈME ORDRE.			
		NÉVROPTÈRES.			
26	Stécoptères	Fourmilion des fourmis	17 34	326 61	14
		Ascalaphe italien	3	191	
		Termite fatal	53	173	
		Psoque deux-points	43	510	
		Hémérobe chrysops	20	542	
27	*Idem*	Panorpe commune	37	344	13
		Némoptère à balanciers	34	382	
		Raphidie serpent	44	457	
		Semblide de la boue	48	419	
		Perle deux-queues	38	500	
28	Agnathes	Frigane jaune	17	389	1
		Éphémère vulgaire	15	46	
	Libelles	Libellule déprimée	26	245	
		Agrion fillette	1	325	
		QUATRIÈME ORDRE.			
		HYMÉNOPTÈRES.			
29	Mellites	Xylocope violette	59	156	28
		Bourdon gâcheur	1 5	25 268	
		Phyllotome empileur	1	34	
		Abeille à miel	1	48	

N.° d'ordre.	FAMILLES.	GENRES ET ESPÈCES.	RENVOI AU TEXTE. Tome.	Page.	N.° du cahier.
30	Mellites	Euglosse dentée	1	65	28
			15	536	
		Eucère antennée	15	515	
		Nomade fardée	35	140	
		Andrène plumipède	2	121	
		Hylée pattes-blanches	22	309	
		Bembèce à bec	4	297	
31	Antophiles	Philanthe couronnée	39	475	1
		Scolie quatre-taches	48	166	
		Crabron à cribles	11	304	
		Melline ruficorne	30	2	
	Chrysides	Chryside lucidule	9	155	
		Omale d'airain	4 S.	82	
			36	84	
		Parnope chair	38	4	
	Ptérodiples	Guèpe commune	20	40	
		Masare apiforme	29	296	
32	Entomotiles	Ichneumon manifestateur	22	437	9
		Fœne lancier	17	187	
		Évanie appendigastre	16	57	
		Ophion jaune	36	199	
		Banche point	4	14	
	Myrmèges	Doryle baie	13	464	
		Fourmi rousse	17	314	
			17	293	
		Mutille écarlate	33	459	
33	Oryctères	Larre à collier	25	284	29
		Tiphie à cuisses	54	391	
		Pompile des chemins	42	497	
		Pepside bleue	38	411	
		Sphège spirifège	50	223	
		Tripoxylon potier	55	553	
34	Néottocryptes	Chalcide menue	8	69	
		Leucopside dorsigère	26	169	
		Cynips du bédéguar	12	363	
		Psile élégant ; Diaprie	43	505	
35	Uropristes	Urocère géant	56	357	28
		Xiphydrie chameau	59	150	
		Sirèce satire	49	315	
		Orysse couronné	36	513	
		Tenthréde à zones	53	97	
		Hylotome du rosier	22	311	
		〃 du pin (mâle).	22	310	
		〃 〃 (fem.).	22	310	
		Cimbèce à épaulettes	9	222	

N.° d'ordre.	FAMILLES.	GENRES ET ESPÈCES.	RENVOI AU TEXTE. Tome.	Page.	N.° du cahier.
		CINQUIÈME ORDRE. HÉMIPTÈRES.			
36	RHINOSTOMES....	Pentatome vert..........	38	381	11
		Scutellaire siamoise......	48	220	
		Corée paradoxe..........	10	418	
		Acanthie du raisin.......	1	98	
		Lygée chevalier..........	27	433	
		Gerre des lacs...........	18	501	
		Podicère tipulaire	42	57	
	PHYSAPODES.....	Thrips	54	318	
37	ZOADELGES......	Miride cou-jaune........	31	454	11
		Punaise des lits	44	109	
		Réduve annelé	45	15	
		Ploière vulgaire	41	410	
		Hydromètre linéaire......	22	243	
	HYDROCORÉES ...	Ranatre linéaire.........	44	438	
		Nèpe cendré............	34	399	
		Naucore cimicoïde.......	34	271	
		Notonecte glauque.......	35	176	
		Sigare striée............	10	444	
			49	104	
38	AUCHÉNORYNQUES.	Flate blanche	17	126	2
		Cigale du frêne	9	206	
		Membrace foliée.........	30	22	
		Fulgore chandelière......	17	508	
		Lystre laineuse..........	27	453	
		Cercope sanguinolent.....	7	443	
		Delphax pellucide	13	42	
		Centrote cornu	7	396	
			30	23	
39	PHYTADELGES	Aleyrode de l'éclair......	1	464	31
		Cochenille du Nopal.....	9	504	
		Puceron du rosier	44	88	
		Kermès du pêcher	24	396	
		Psylle ou Livie du jonc..	43	543	
		SIXIÈME ORDRE. LÉPIDOPTÈRES.			
40	ROPALOCÈRES	Papillon Io ou Paon du jour	37	413	9
41	*Idem*	Hespérie du bouleau	21	107	31
		Hétéroptère miroir.......	21	127	
42	CLOSTÉROCÈRES...	Sphinx de la vigne.......	50	226	8
		Sésie fréloniforme	49	52	
		Zygène de l'esparcette	60	620	

N.° d'ordre.	FAMILLES.	GENRES ET ESPÈCES.	RENVOI AU TEXTE. Tome.	Page.	N.° du cahier.
42	Chétocères.....	Lithosie quadrille	27	75	8
		Noctuelle du pied d'alouette	35	124	
		Crambe des prés.........	11	308	
		Phalène plumistère	39	431	
43	*Idem*..........	Pyrale chlorane.........	44	129	
		Teigne harpelle	52	507	9
		Alucite Latreille.........	1	540	
		Ptérophore en éventail ...	44	43	
		Bombyce petit-paon......	5	118	
44	Némocères	= du trèfle	5	121	
		= feuille de chêne.	5	121	9
		= de Neustrie	5	125	
		Bombyce écaille brune....	5	114	
45	Némocères......	= petite-queue-fourchue	5	140	
		= disparate	5	114	6
		Hépiale du houblon......	21	12	
		Cossus ligniperde........	11	10	

SEPTIÈME ORDRE.

DIPTÈRES.

N.° d'ordre.	FAMILLES.	GENRES ET ESPÈCES.	Tome.	Page.	N.° du cahier.
		Cousin commun........	11	284	
		Bombyle peint..........	5	142	
46	Sclérostomes ...	Hippobosque du cheval...	21	176	
		Conops pattes-jaunes	10	290	
		Myope noire...........	34	23	
		Stomoxe gris	51	77	31
		Rhingie à bec..........	45	324	
47	*Idem*..........	Chrysopide aveuglant.....	9	169	
		Taon nègre............	52	218	
		Asile craboniforme	3	208	
		Empide pattes-velues.....	14	410	
		Rhagion bécasse.........	45	306	
		Bibion plébéien	4	385	
		Sique ferrugineux	49	314	
		Anthrax morio.........	2	214	
		Hypoléon trois-lignes.....	22	375	
48	Aplocères	Stratyome caméléon......	51	89	
		Cyrte acéphale	1 S.	46	2
			12	414	
			35	444	
		Mydas en fil...........	31	48	
		Némotèle fuligineuse	34	383	
		Cérie clavicorne	7	492	

N.° d'ordre.	FAMILLES.	GENRES ET ESPÈCES.	RENVOI AU TEXTE. Tome.	Page.	N.° du cahier.
49	Chétoloxes.....	Dolichope à onglet	13	408	31
		Ceyx ou Calobate pétronille	6 S.	49	
		Tétanocère réticulé	53	251	
		Cérochète ponctué	30	418	
		Cosmie maillée..........	11	3	
			53	102	
		Thérève crassipenne......	54	258	
		Échinomye grosse	14	195	
50	*Idem*	= féroce	14	195	
		Sarge cuivreux	47	373	
		Mulion arqué...........	33	304	
		Syrphe du poirier.......	51	496	
		Cénogastre à moustaches..	7	368	
		Mouche domestique; Cæsar	33	70	
	Astomes	Œstre salutaire	35	436	
51	Hydromyes	Tipule à croissant........	54	399	
		Limonie triponctuée	54	400	
		Cératoplate tipuloïde.....	8	7	
		Psychode velue..........	43	516	
		Hirtée de Pomone.......	21	240	
		Scatopse ailes-blanches ...	48	42	

HUITIÈME ORDRE.

APTÈRES.

N.° d'ordre.	FAMILLES.	GENRES ET ESPÈCES.	Tome.	Page.	N.° du cahier.
52	Rhinaptères.....	Smaridie des moineaux...	49	367	18
		Lepte rouget...........	26	61	
53	*Idem*	Pou de tête.............	43	158	31
		Puce irritante...........	44	81	
		= chique	44	82	
		Tique variée............	54	402	
54	Nématoures	Forbicine rayée	17	238	
		Machile polypode	27	494	
		Podure velue	42	88	
	Ornithomyzes...	Ricin du paon	45	459	
55	Aranéides......	Araignée découpée.......	2	316	2
		Faucheur des murailles...	16	207	
		Galéode aranéoïde	18	76	
		Trombidie des teinturiers.	55	431	
56	*Idem*	Mygale aviculaire	34	9	
		Phryne réniforme........	40	60	
		Scorpion roussâtre	48	201	
		Pince cancroïde	41	49	

N.° d'ordre.	FAMILLES.	GENRES ET ESPÈCES.	RENVOI AU TEXTE. Tome.	Page.	N.° du cahier.
57	MYRIAPODES.	Iule des sables	24	41	22
		Polydesme aplati	42	332	
		Gloméride bordé	3	115	
			19	59	
		Scolopendre mordante	48	168	
		Lithobie à tenailles	27	65	
58	*Idem*	Scutigère aranéoïde	48	233	
		Polyxène lagure	42	454	
	POLYGNATES	Armadille à pustules	3	117	
		Cloporte petit-âne	9	419	
		Physode marin	28	379	
			40	149	

Généralités. Planche représentant les ordres.

N.° d'ordre.	FAMILLES.	GENRES ET ESPÈCES.	Tome.	Page.	N.° du cahier.
59	COLÉOPTÈRES	Capricorne charpentier	6	511	31
	ORTHOPTÈRES	Sauterelle ailes-bleues	47	521	
	NÉVROPTÈRES	Ascalaphe de Barbarie	3	190	
	HYMÉNOPTÈRES	Philanthe triangle	39	473	
60	HÉMIPTÈRES	Lygée vermillon	27	432	
	LÉPIDOPTÈRES	Papillon aurore de Provence	37	384	
	DIPTÈRES	Cénogastre vide	7	370	
	APTÈRES	Faucheur acanthure	16	206	

FIN DE LA TABLE DES INSECTES.

TABLE

ALPHABÉTIQUE DES PLANCHES DES INSECTES.

(Le chiffre indique l'ordre de la planche.)

D.

E.

M.

N.

O.

P.

TABLE DES PLANCHES

DU

DICTIONNAIRE DES SCIENCES NATURELLES.

ZOOLOGIE.

CRUSTACÉS.

N.° d'ordre.	FAMILLES.	GENRES ET ESPÈCES.	RENVOI AU TEXTE. Tome.	RENVOI AU TEXTE. Page.	N.° du cahier.
1	Généralités.	Carcin ménade	28	157	36
		Écrevisse fluviatile	28	157 308	
2	*Idem*	Thelphuse fluviatile	28	150 247	39
3	DÉCAPODES brachyures.	Lambre spinimane	28	213	40
		Coryste denté (mâle)	28	214	
4	*Idem*	Atélécycle à sept dents	28	215	37
		Portumne varié	28	216	
5	*Idem*	Portune étrille	28	219	
		= marbré	28	221	
6	*Idem*	Podophtalme épineux	28	225	40
		Lupée pélagique	28	223	
7	*Idem*	Polybie de Henslow	28	226	
		Matute vainqueur	28	226	
8	*Idem*	Crabe tourteau	11	299	38
		Xanthe floride	28	229	
9	*Idem*	Pirimèle denticulé	28	229	41
		Hépate fascié	28	230	
		Mursie mains-en-crête	28	231	
10	*Idem*	Calappe tuberculé	28	232	33
		OEthre déprimé	28	233	
11	*Idem*	Pilumne hérissé	28	234	
		Mictyre longicarpe	28	236	
		Pinnothère pois	28	238	
12	*Idem*	Ocypode cératophtalme	28	240	39
		Gécarcin tourlourou	18	269	
13	*Idem*	Gélasime de Marion	28	243	40
		Gonoplace rhomboïde	28	244	
14	*Idem*	Ériphie front-épineux	28	245	39
		Plagusie clavimane	28	246	
15	*Idem*	Grapse porte-pinceau	19	322	40
		Thelphuse fluviatile	28	247	

N.° d'ordre.	FAMILLES.	GENRES ET ESPÈCES.	RENVOI AU TEXTE. Tome.	Page.	N.° du cahier.
16	DÉCAPODES brachyures.	Grapse peint	19	322	
		Maja faucheur	28	258	2
17	*Idem*	Homole front-épineux	28	250	
		Doripe laineuse	28	251	38
18	*Idem*	Dromie très-velue	28	253	
		Dynomène hispide	28	249	41
19	*Idem*	Orithye mamillaire	28	256	
		Ranine dorsipède	28	255	
20	*Idem*	Parthenope horrible	28	257	42
		Eurynome rugueuse	28	257	
21	*Idem*	Maïa squinado	28	259	38
22	*Idem*	Pisa tétraodon	28	261	
		Micippe philyre	28	263	41
23	*Idem*	Mithrax bords-épineux	28	264	
		Pactole de Bosc	28	275	40
		Macropodie faucheur	28	268	
24	*Idem*	Inachus scorpion	28	265	
		= dorhynque	28	266	37
25	*Idem*	Lithode arctique	28	272	38
26	*Idem*	Hyménosome orbiculaire	28	275	
		Égérie de l'Inde	28	270	43
27	*Idem*	Ebalie de Pennant	28	277	
		Leucosie craniolaire	28	278	39
		Ilia noyau	28	281	
28	*Idem*	Arcanie hérisson	28	281	
		Myra fugace	28	280	40
		Ixa canaliculée	28	282	
29	*Idem* macroures.	Rémipède tortue	28	285	
		Hippe émérite	28	285	42
		Albunée symniste	28	283	
30	*Idem*	Pagure anguleux	28	286	
		= Bernard	28	288	44
		Birgus larron	28	289	
31	*Idem*	Scyllare oriental	28	291	
		Ibacus de Peron	28	292	41
32	*Idem*	Langouste commune	28	293	38
33	*Idem*	Galathée striée	18	50	
		Eglée lisse	18	49	
34	*Idem*	Porcellane large-pince	18	55	43
		Mégalope mutique	28	300	
		Eryon de Cuvier	28	306	
35	*Idem*	Thalassine scorpionoïde	28	301	
		Gébie étoilée	28	302	
36	*Idem*	Axie stirhynque	28	304	41
		Callianasse souterraine	28	303	
37	*Idem*	Néphrops de Norwége	28	310	
		Atie épineuse	28	313	43

N.° d'ordre.	FAMILLES.	GENRES ET ESPÈCES.	RENVOI AU TEXTE. Tome.	Page.	N.° du cahier.
38	DÉCAPODES macroures.	Crangon commun	11 28	311 314	38
		Pandale annulicorne	28	315	
		Égéon cuirassé	28	314	
39	*Idem*	Hippolyte de Sowerby	28	317	
		= variable	28	317	
		Penée à trois sillons	28	320	
		Nika cannelée	28	325	
		Athanas luisante	28	332	
40	*Idem*	Palémon porte-scie	28	328	43
		Néballe d'Herbst	28	335	
		Mysis de Fabricius	28	334	
41	*Idem*	Écrevisse homard	28	308	2
	STOMAPODES	Squille mante	28	341	
42	*Idem*	= queue-rude	28	341	41
43	*Idem*	= goutteuse	28	342	
44	*Idem*	Alime hyaline	28	344	35
		Erichthe vitré	28	342	
		= armé	28	343	
		Phyllosome clavicorne	28	345	
		= commun	28	345	
		= brévicorne	28	345	
		= larges-cornes	28	345	
45	AMPHIPODES	Phronime sédentaire	28	347	40
		Talitre lacustre	28	349	
		Orchestie littorale	28	350	
		Atyle carené	28	351	
		Leucothoë articulée	28	352	
		Dexamine épineuse	28	351	
		Mélite palmée	28	352	
		Crevette des ruisseaux	28	354	
		Amphithoë rouge	28	355	
		Phéruse des varecs	28	356	
46	*Idem*	Corophie à longues cornes	28	357	39
	LÆMODIPODES	Cérapode tubulaire	28	358	
		Leptomère pédiaire	28	363	
		Cyame de la baleine	28	365	
	ISOPODES	Typhis ovoïde	28	367	
		Ancée forficulaire	28	367	
		= maxillaire	28	368	
		Pranize bleuâtre	28	368	
		Euphée taupe	28	369	
		Ione thoracique	28	370	
		Idotée tricuspide	28	373	
		Sténosome linéaire	28	374	
		Anthure grêle	28	375	
47	*Idem*	Campécopée velue	12	341	43
		Nesée bidentée	12	342	

N.° d'ordre.	FAMILLES.	GENRES ET ESPÈCES.	RENVOI AU TEXTE.		N.° du cahier.
			Tome.	Page.	
47	Isopodes. (*Suite*).	Sphérome denté	12	346	
		Æga entaillée	12	349	43
		Cymothoé œstre	12	352	
48	*Idem*	Anilocre du Cap	12	350	
		Nélocire de Swainson	12	347	
		Cilicée de Latreille	12	342	16
		Cymodoce de Lamarck	12	343	
49	*Idem*	Aselle d'eau douce	28	379	
		Ligie océanique	28	382	
		Cloporte aselle	28	384	
		Armadille pustulé	28	386	
		Bopyre des crevettes	28	388	
50	Pæcilopes	Argule foliacé	14	529	43
		Cécrops de Latreille	14	534	
		Anthosome de Smith	14	533	
		Calige de Müller	14	536	
		Pandare bicolore	14	535	
		Dichelestion de l'esturgeon	14	534	
51	*Idem*	Limule polyphême	14	536	
52	Phyllopes	Apus cancriforme	28	395	36
		Lépidure prolongé	28	395	
53	Lophyropes	Cyclope commun	28	396	
		= castor	28	397	37
		= staphylin	28	397	
54	*Idem*	Polyphême des étangs	28	398	
		Daphnie puce	28	401	
		= guillochée	28	403	36
		Lyncée rose	28	404	
55	Ostrapodes	Cypris brune	28	411	
		= ornée	28	410	
		= veuve	28	412	
		= à une bande	28	413	37
		= religieuse	28	411	
		Cythérée jaune	28	414	
56	Lophyropes	Limnadie d'Hermann	28	408	
	Branchiopodes	Branchipe des marais	28	416	35

Crustacés fossiles.

N.° d'ordre.	FAMILLES.	GENRES ET ESPÈCES.	Tome.	Page.	N.° du cahier.
57	Trilobites	Agnoste pisiforme	55	314	
		Ogygie de Guettard	35	450	
		Asaphe caudigère	55	316	32
58	*Idem*	Calymène de Blumenbach	55	317	
		Paradoxide spinuleux	37	515	

FIN DE LA TABLE DES CRUSTACÉS.

TABLE

ALPHABÉTIQUE DES PLANCHES DES CRUSTACÉS.

(Le chiffre marque l'ordre de la planche.)

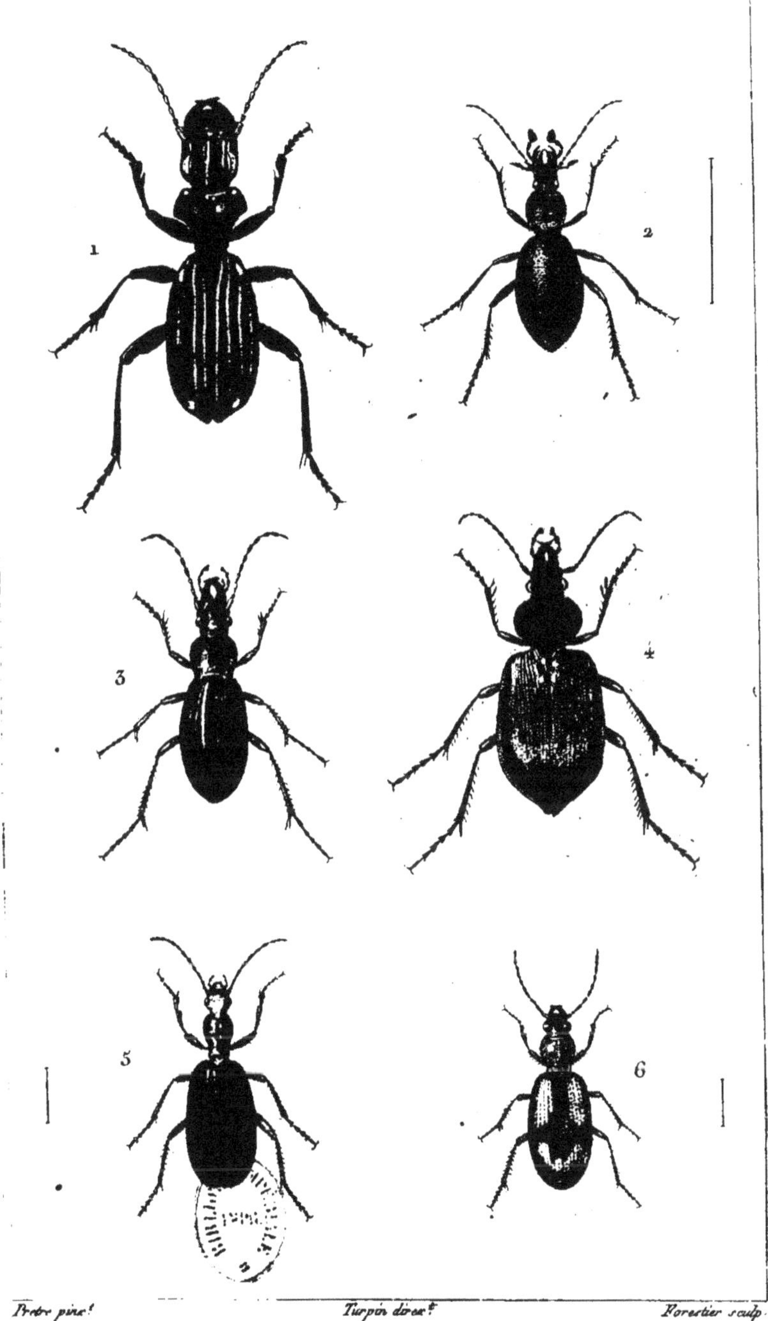

Prêtre pinx.t *Turpin direx.t* *Forestier sculp.*

CRÉOPHAGES.

1. Anthie *à quatre gouttes.*	4. Calosome *sycophante.*
2. Cychre *à bec.*	5. Brachyn *pétard.*
3. Tachype *doré.*	6. Bembidion *à 4 gouttes.*

ZOOLOGIE.

ENTOMOLOGIE. Coléoptères.

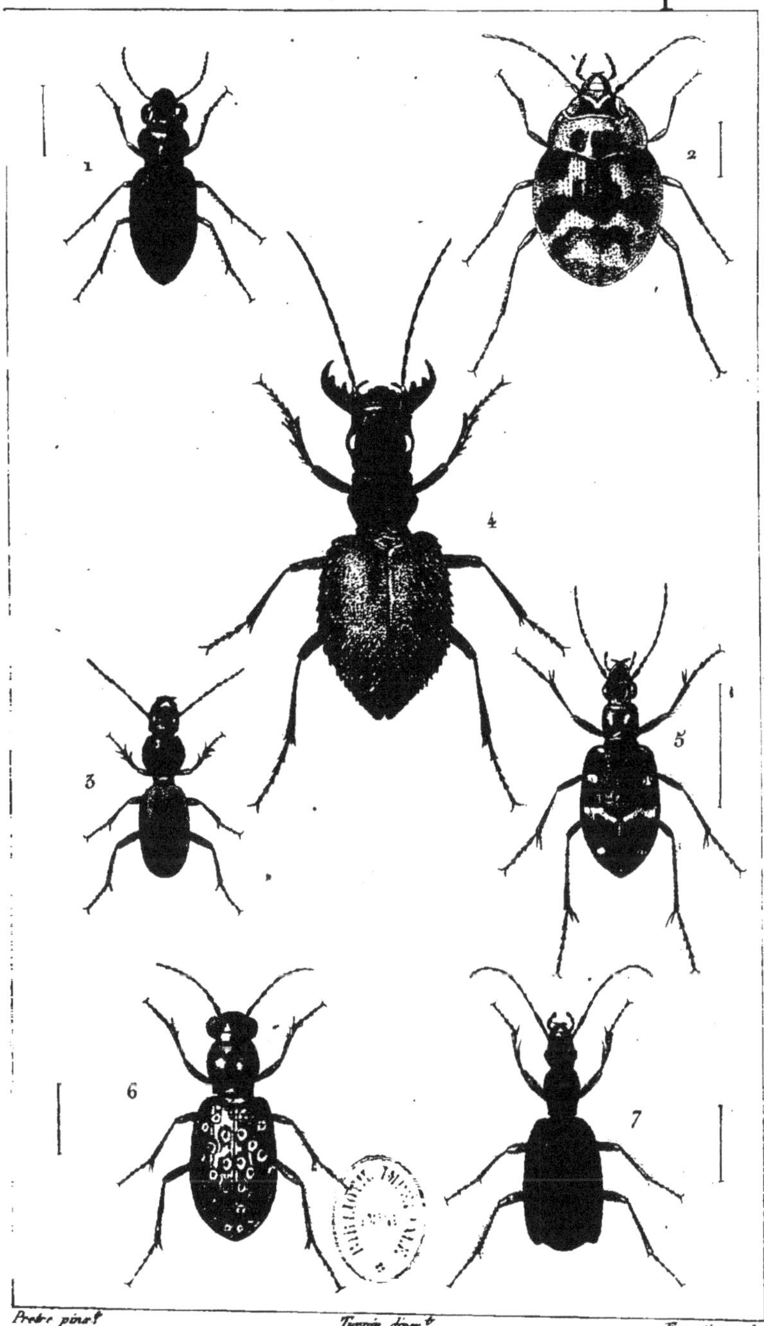

Prêtre pinx.t *Turpin direx.t* *Forestier sculp.*

CRÉOPHAGES.
1. Notiophile *riverain.*
2. Omophron *à limbes.*
3. Scarite *souterrain.*
4. Manticore *à mâchoires.*
5. Cicindèle *sylvatique.*
6. Elaphre *riverain.*
7. Drypte *échancrée.*

ZOOLOGIE.

ENTOMOLOGIE. Coléoptères.

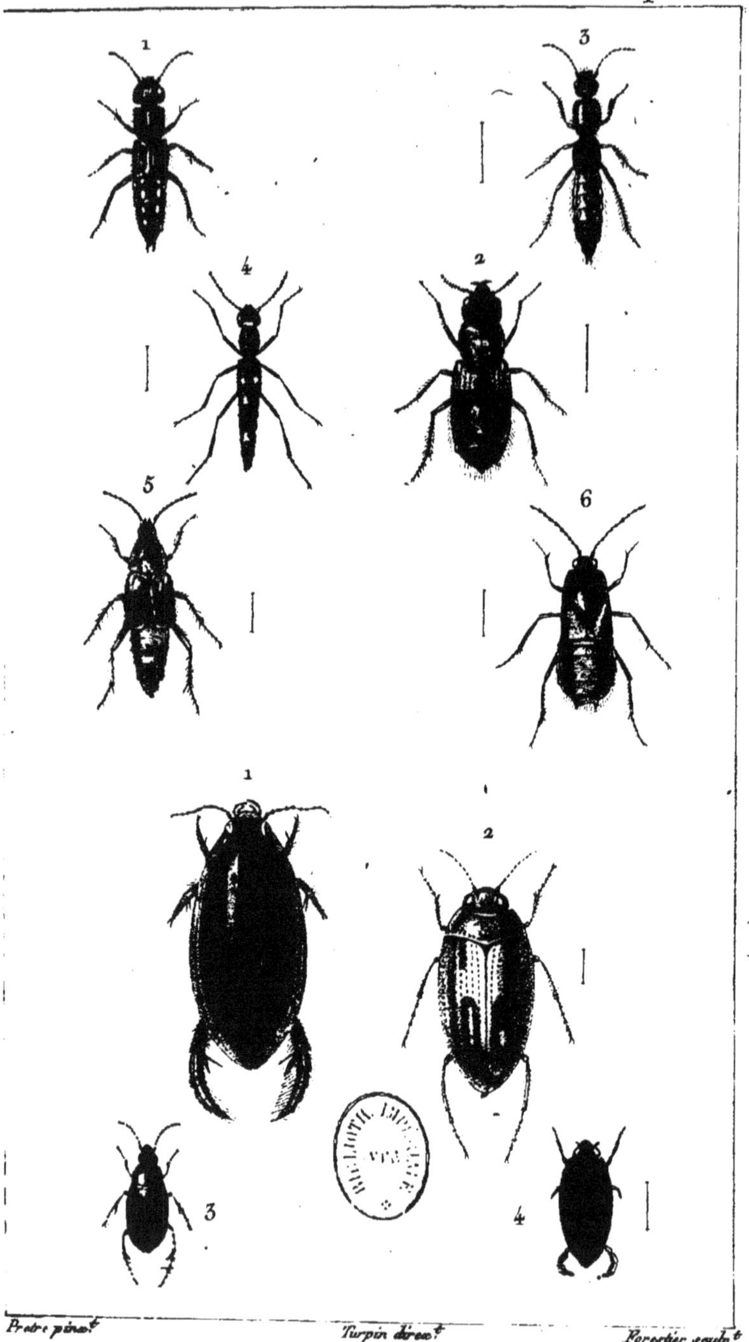

Prêtre pinx.t *Turpin direx.t* *Forestier sculp.t*

BRACHÉLYTRES.
1. Staphylin *erytroptère.*
2. Oxipore *roux.*
3. Pædere *riverain.*
4. Stène *deux gouttes.*
5. Lestève *cimiciforme.*

NECTOPODES.
1. Dytisque *de Roësel.*
2. Hyphydre *déprimé.*
3. Haliple *imprimé.*
4. Tourniquet *nageur.*

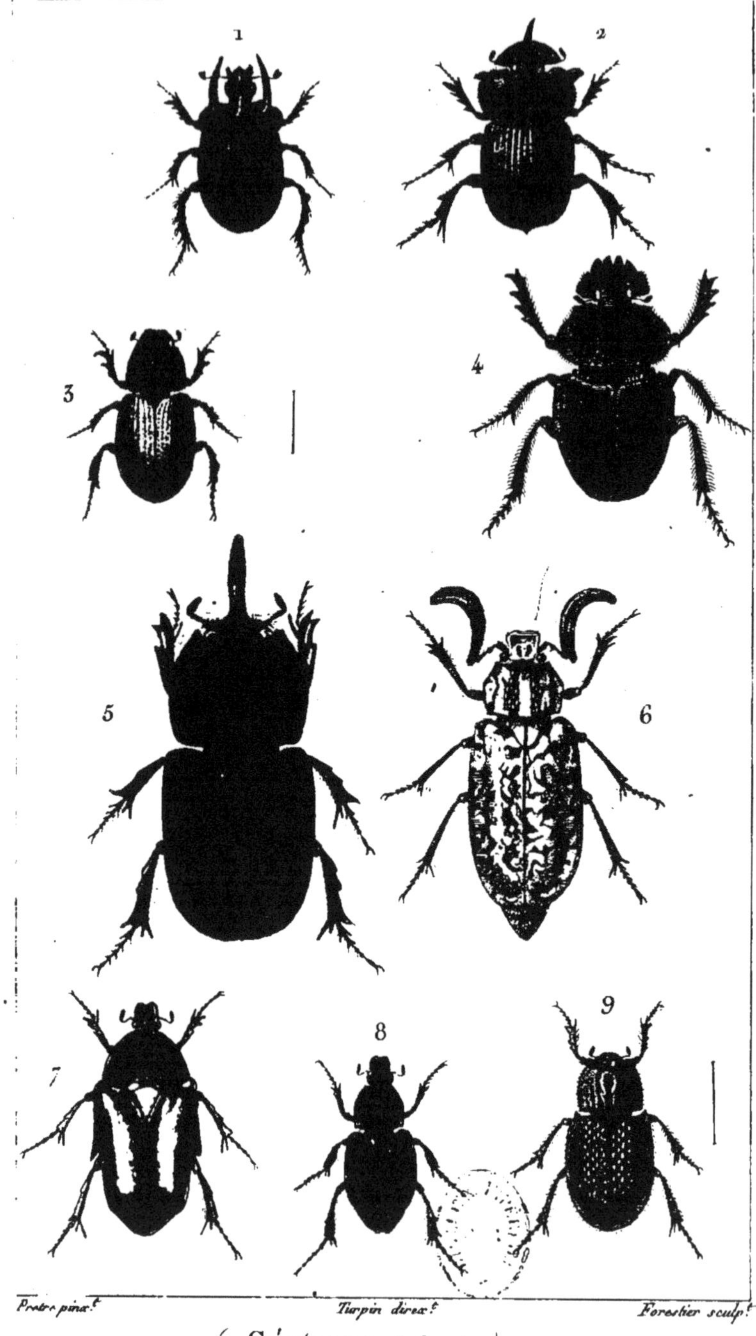

Pretre pinx.t Turpin direx.t Forestier sculp.t

PÉTALOCÈRES.

1. Géotrupe *phalangiste*.
2. Bousier *lunaire*.
3. Aphodie *du fumier*.
4. Onite *sacré*.
5. Scarabé *nasicorne*.
6. Hanneton *foulon*.
7. Cétoine *métallique*.
8. Trichie *noble*.
9. Trox *hérissé*.

ZOOLOGIE.

ENTOMOLOGIE. Coléoptères.

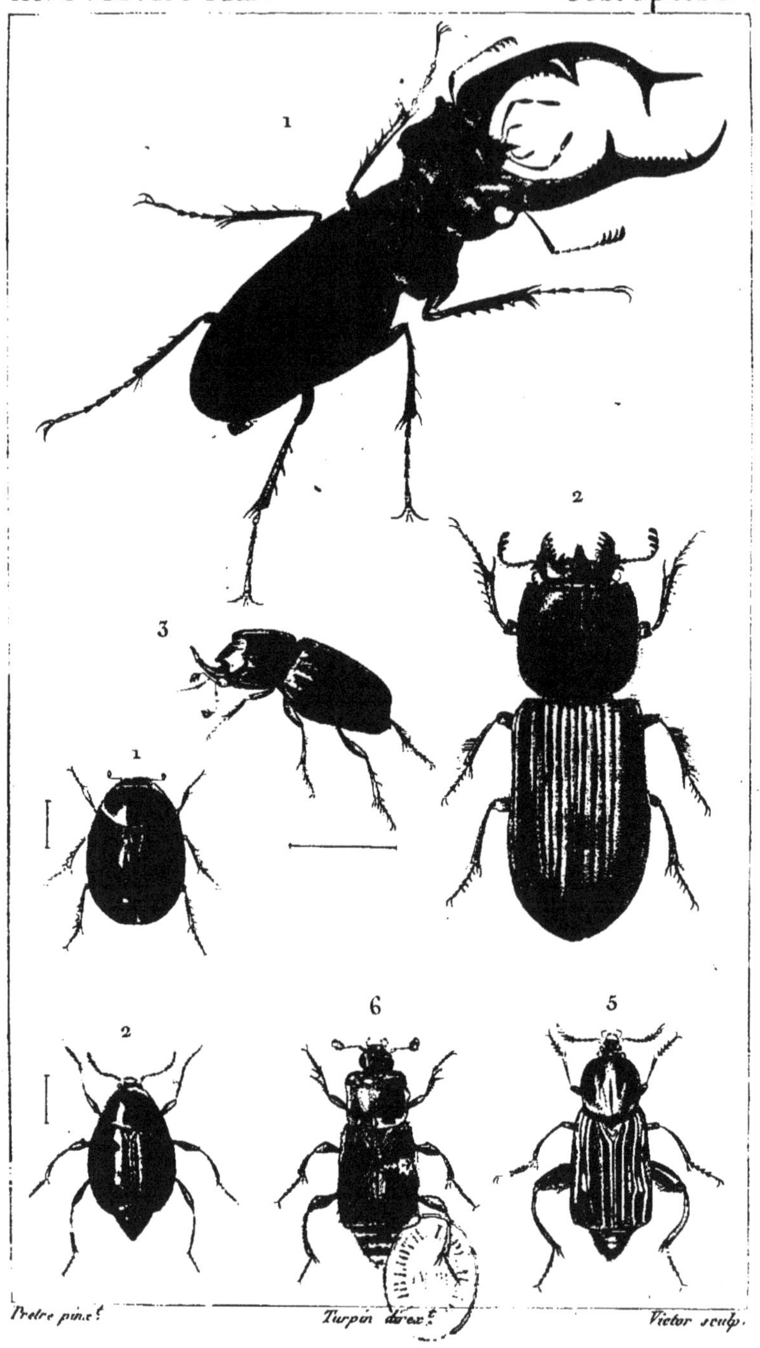

Pretre pinx.t *Turpin direx.t* *Victor sculp.*

PRIOCÈRES
1. Lucane *cerf-volant (mâle)*
2. Passale *interrompu*
3. Synodendre *cylindrique.*

HÉLOCÈRES.
1. Sphéridie *scarabéoïde.*
2. Scaphidie *4 Taches.*
5. Bouclier *des rivages.*
6. Nécrophore *enterreur.*

ZOOLOGIE.

ENTOMOLOGIE. Coléoptères.

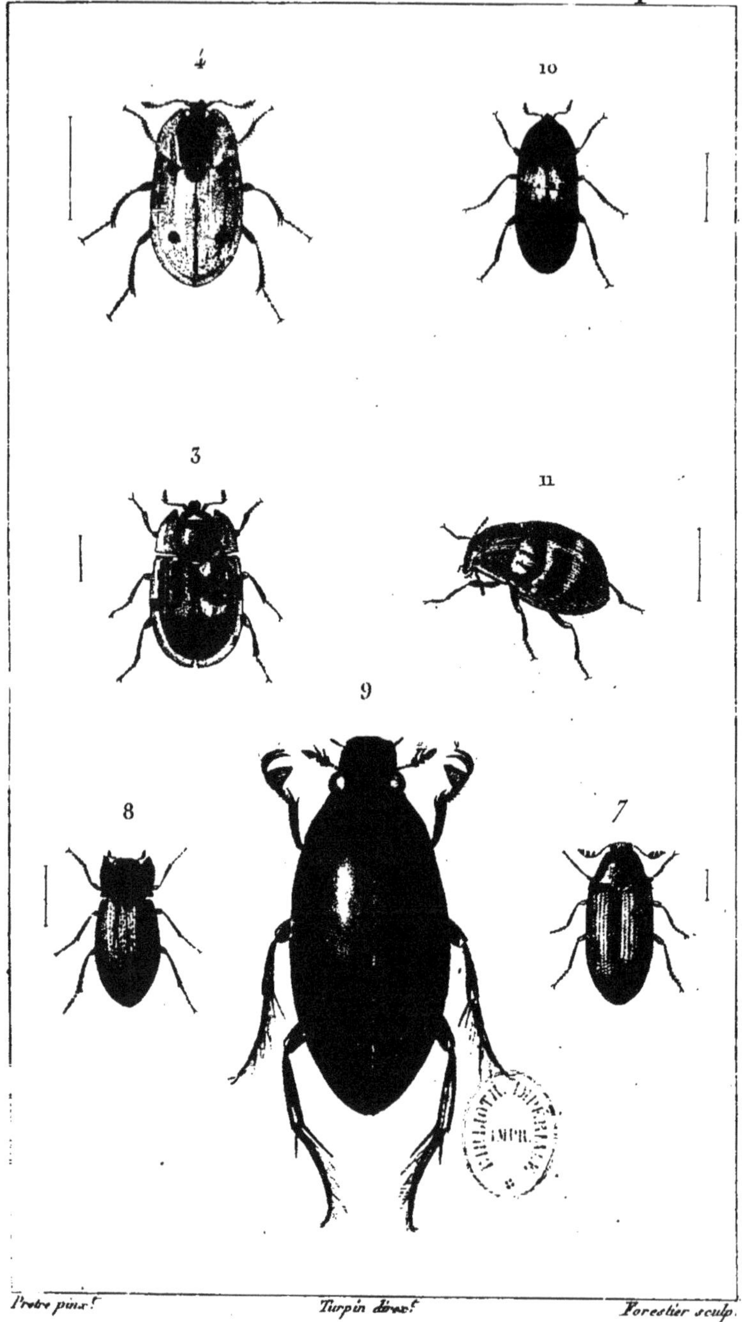

Pretre pinx.t Turpin direx.t Forestier sculp.

Suite des HÉLOCÈRES.

3. Nitidule *ferrugineuse.*	8. Elophore *aquatique.*
4. Silphe *quatre points.*	9. Hydrophile *de poix.*
7. Parne *prolonge-corne.*	10. Dermeste *du lard.*

ZOOLOGIE.

ENTOMOLOGIE. Coléoptères.

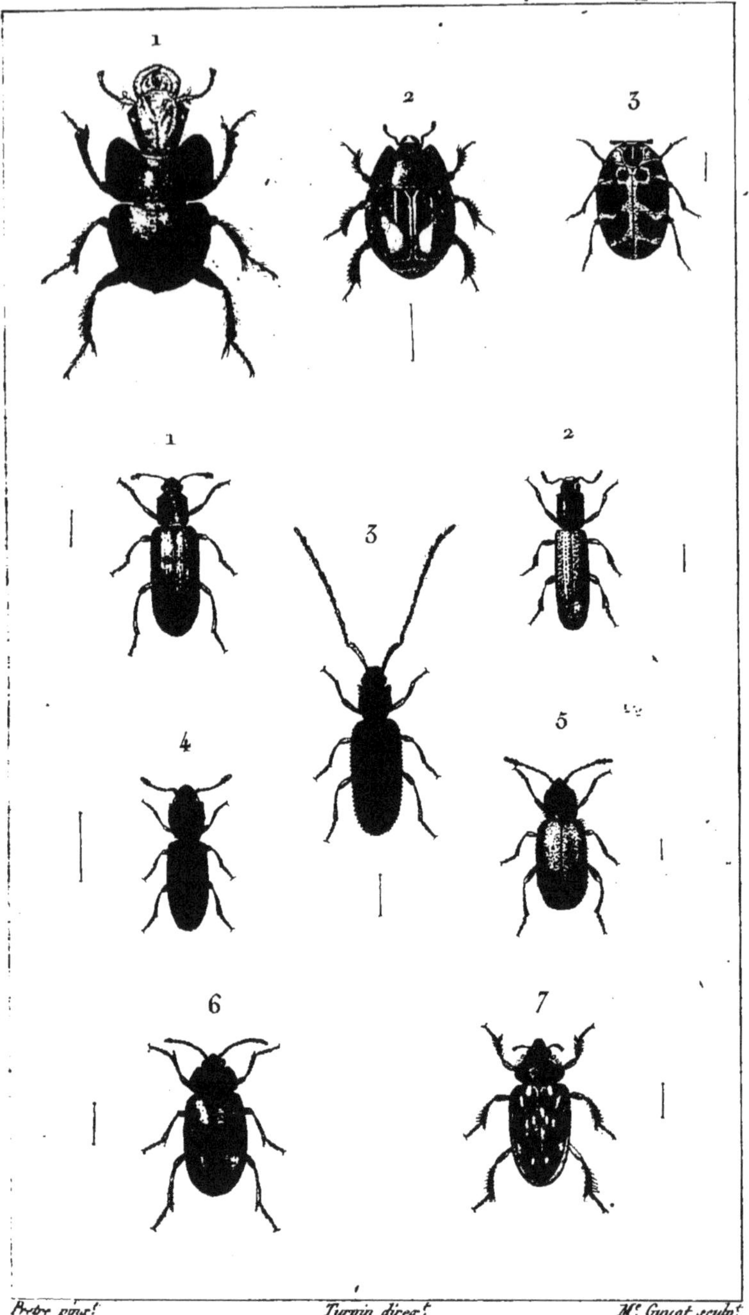

Prêtre pinx. Turpin direx. Mme Guyot sculp.

STÉRÉOCÈRES. 1. Lethre *grosse tête.* 2. Escarbot *en rein.* 3. Anthrène *de la scrophulaire.*

OMALOÏDES. 1. Lycte *canaliculé.* 2. Colidie *alongé.* 3. Cucuje *ou bronte testacé.* 4. Trogosite *caraboïde.* 5. Ips *des celliers.* 6. Mycétophage *4 gouttes.* 7. Hétérocère *bordé.*

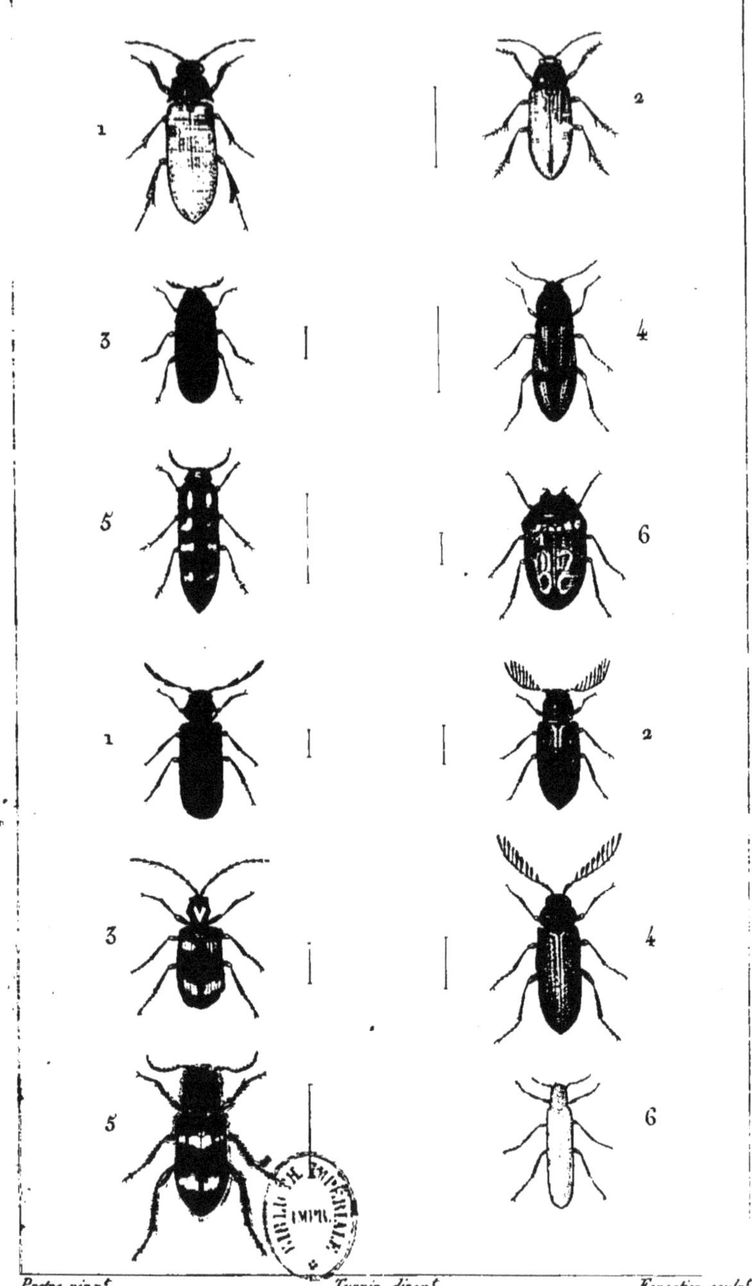

Pretre pinx.t *Turpin direx.t* *Forestier sculp.t*

STERNOXES. 1. Cébrion *géant*. 2. Atope *cerf*. 3. Throsque *dermestoïde*. 4. Taupin *croisé*. 5. Bupreste *9 taches*. 6. Trachyde *menue*.

TÉRÉDYLES. 1. Vrillette *entêtée*. 2. Panache *pectinée*. 3. Ptine *élégant*. 4. Melasis *flabellicorne*. 5. Tille *mutillaire*. 6. Ruinebois *dermestoïde*.

ZOOLOGIE.

ENTOMOLOGIE Coléoptères.

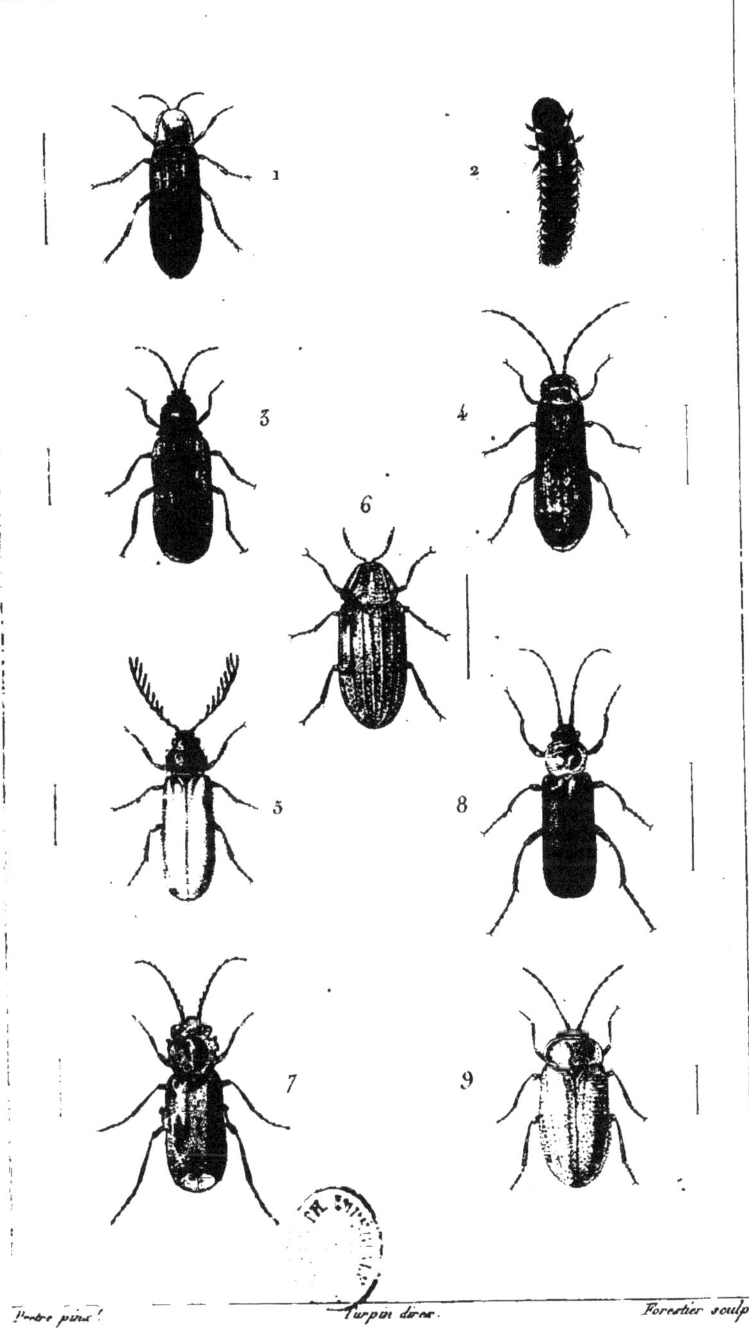

Prêtre pinx. *Turpin direx.* *Forestier sculp.*

PALYTRES

1 Ver luisant *ord. male.*
2 Ver luisant — *fem.*
3 Omalise *à suture.*
4 Lyque *sanguin.*
5 Drile *jaunatre.*
6 Mélyre *vert.*
7 Malachie *à 2 taches.*
8 Théléphore *fauve.*
9 Cyphon *pâle.*

ZOOLOGIE.

ENTOMOLOGIE. Coléoptères.

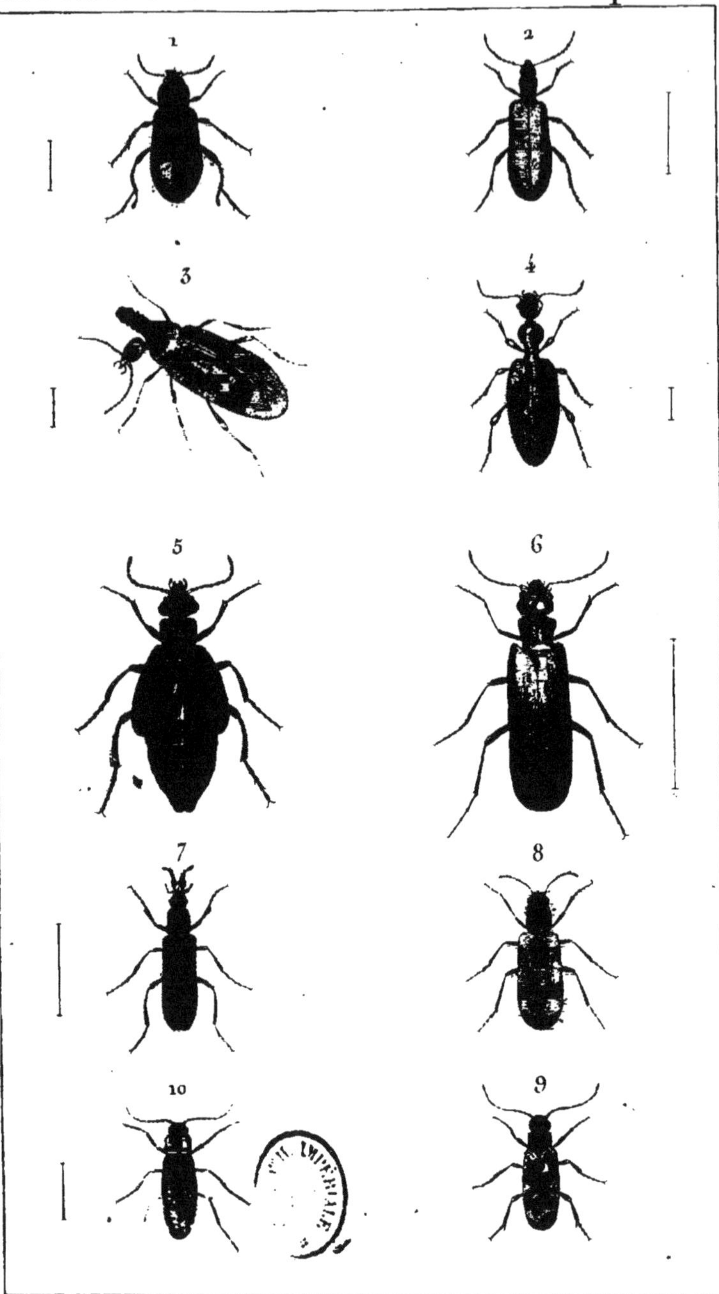

Pretre pinx.t *Turpin direx.t* *Dien sculp.*

EPISPASTIQUES.

1. Dasyte *noir (mâle.)*
2. Lagrie *pubescente.*
3. Notoxe *monocéros.*
4. Anthice *pedestre*
5. Meloë *proscarabée (fem.e)*
6. Cantharide *à vésicatoires.*
7. Céroconie *de schæffer. (mâle.)*
8. Mylabre *de la chicorée.*
9. Apale *deux bandes.*
10. Zonite *apical.*

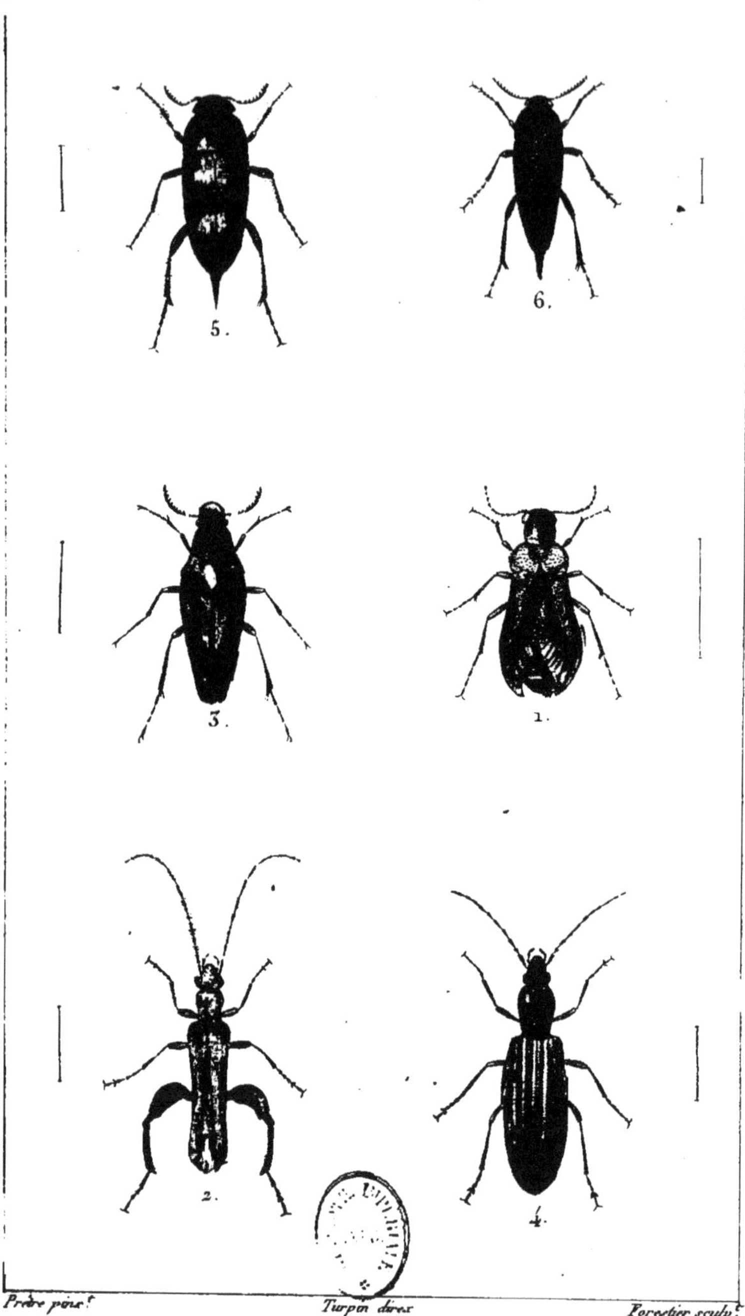

Prêtre pinx.t *Turpin direx* *Forestier sculp.t*

STÉNOPTÉRES.

1. Sitaride *humérale.*
2. Œdémère *podagre.*
3. Nécydale *cou sanguin.*
4. Rhipiphore *deux taches.*
5. Mordelle *à bandes.*
6. Anaspe *noir.*

ZOOLOGIE.

ENTOMOLOGIE. Coléoptères.

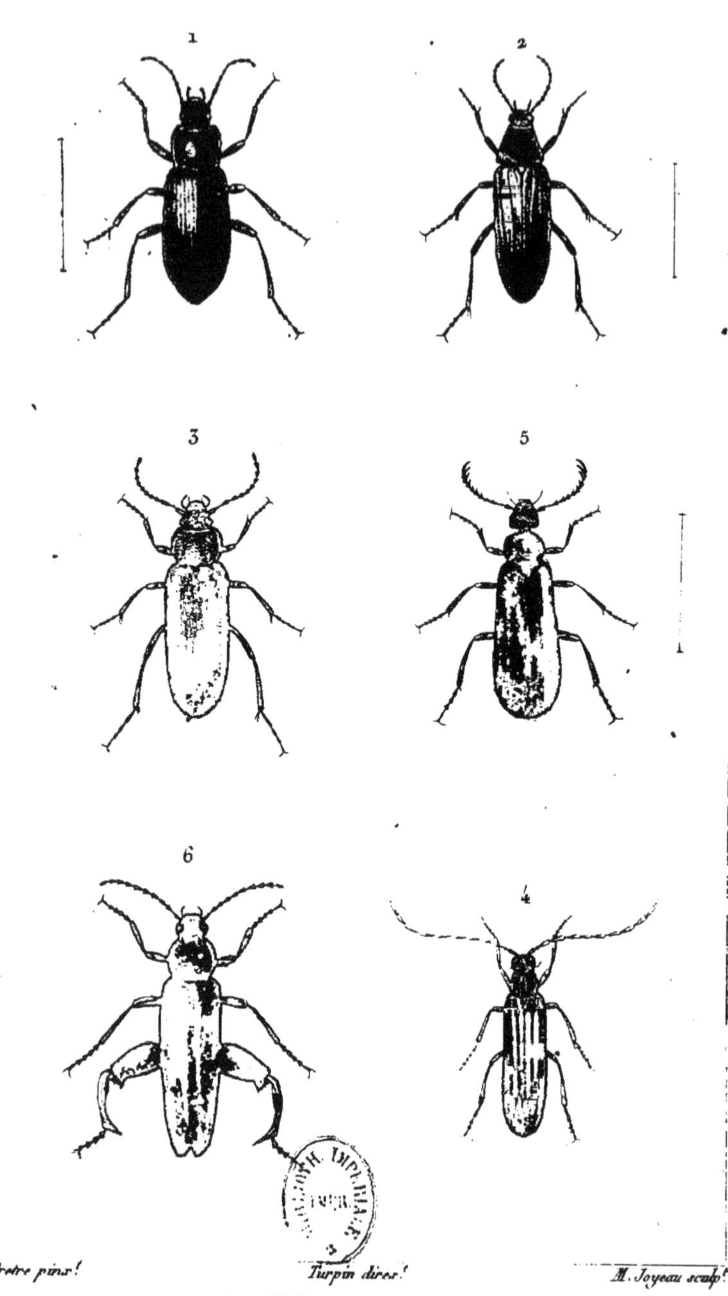

Pretre pinx.t *Turpin direx.t* *M. Joyeau sculp.t*

ORNÉPHILES.

1. Hélops *bleu*.
2. Serropalpe *denté*.
3. Cistèle *lepturoïde*.
4. Calope *serraticorne*.
5. Pyrochre *cardinale*.
6. Horie *testacée*.

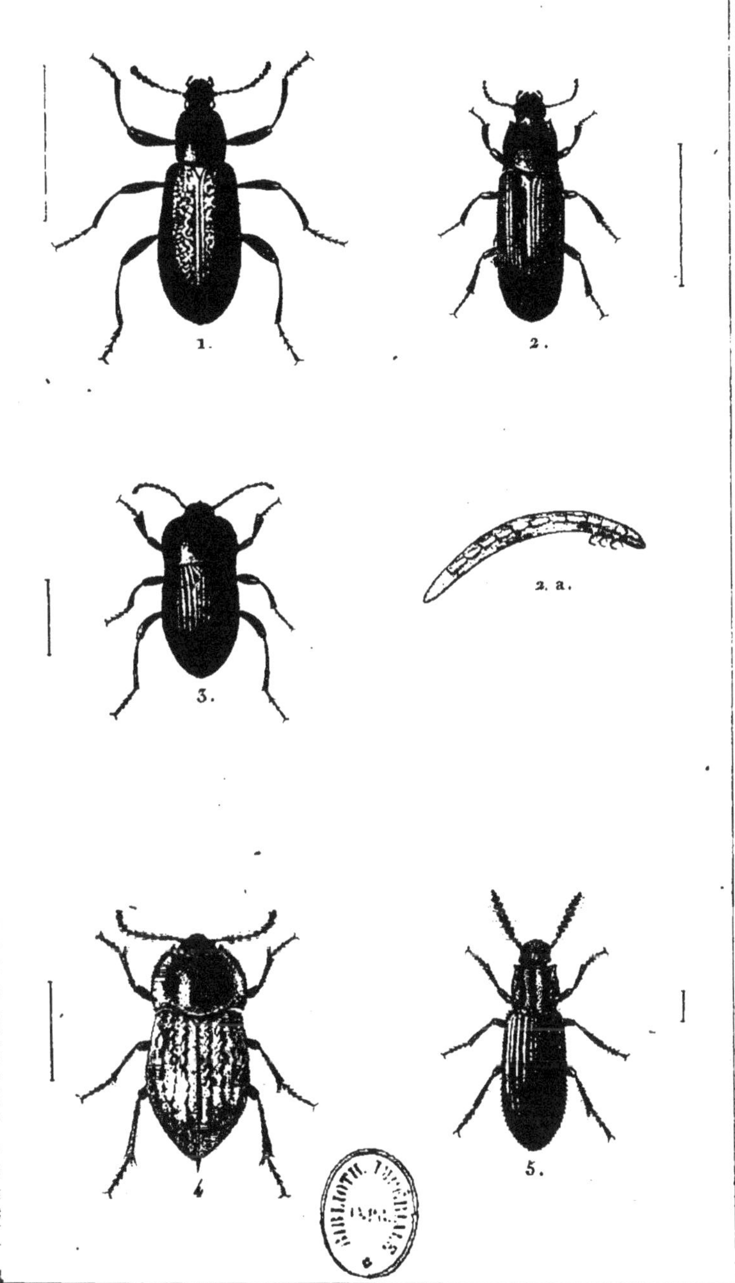

Prêtre pinx.t *Turpin direx.t* *Forestier sculp.t*

LYCOPHILES.
1. Upide *céramboïde.*
2. Ténébrion *meunier. 2. a. sa larve.*
3. Pédine *fémoral.*
4. Opatre *gris*
5. Sarrotrie *mutique.*

ZOOLOGIE.

ENTOMOLOGIE. Coléoptères.

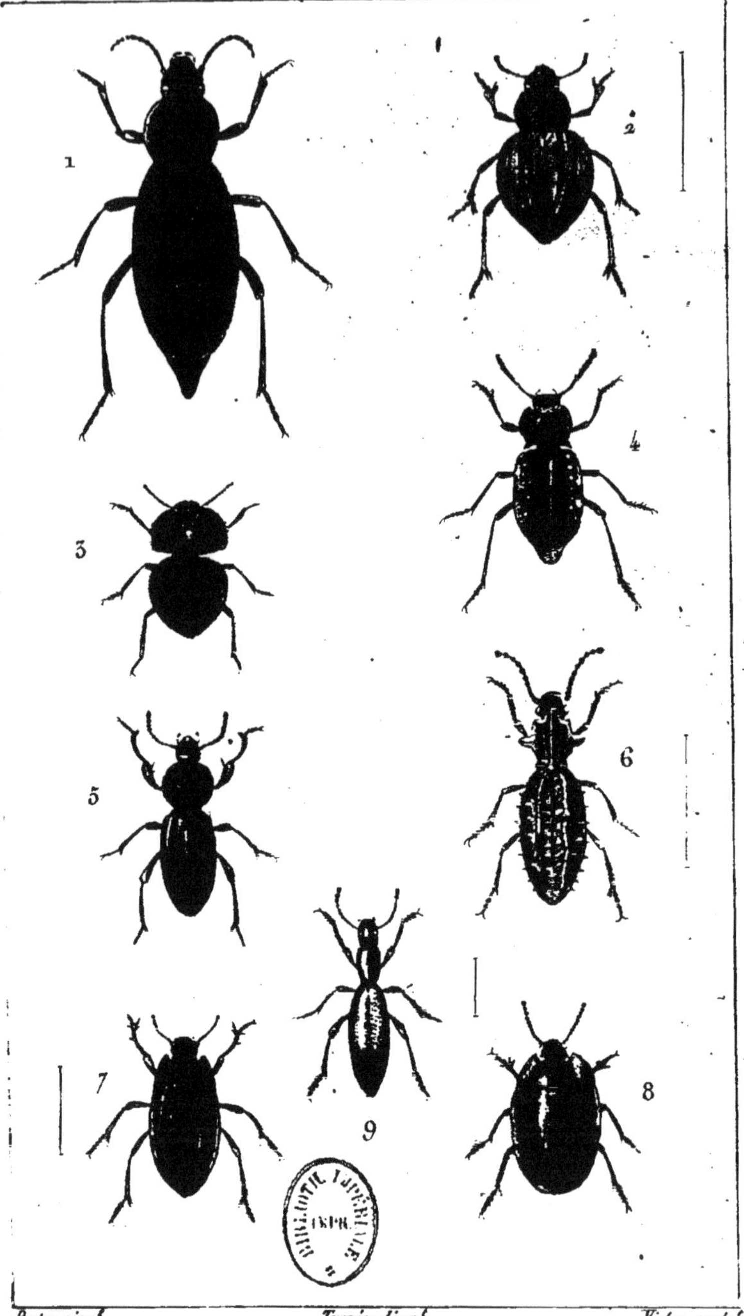

Prêtre pinx.t Turpin direx.t Victor sculp.t

PHOTOPHYGES.

1. Blaps *présage mort.*
2. Pimélie *muriquée.*
3. Eurychore *ciliée.*
4. Akide *réfléchie.*
5. Scaure *striée.*
6. Sépidie *trois pointes.*
7. Erodie *bossue.*
8. Zophose *tortue.*
9. Tagénie *étranglée.*

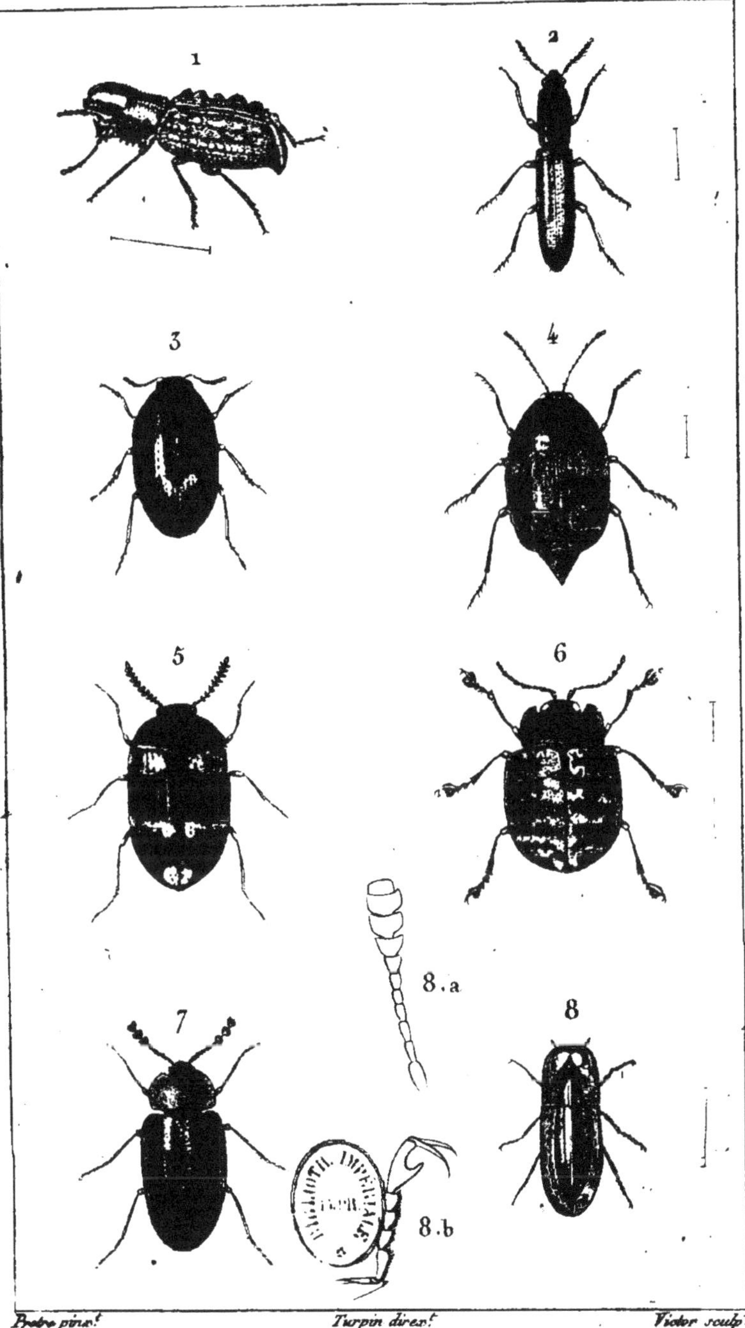

Prêtre pinx.t *Turpin direx.t* *Victor sculp.t*

MYCÉTOBIES ou FONGIVORES.

1. Boletophage *crenelé*.
2. Hypophlée *chatain*.
3. Anisotome *bicolore*.
4. Agathidie *quatre taches*.
5. Diapère *du bolet*.
6. Cnodalon *nébuleux*.
7. Tétratome *des champignons*.
8. Cossyphe *d'Hoffmansegg*.

8.a. *Antenne grossie*. 8.b. *Articles du tarse grossis*.

ZOOLOGIE.

ENTOMOLOGIE. Coléoptères.

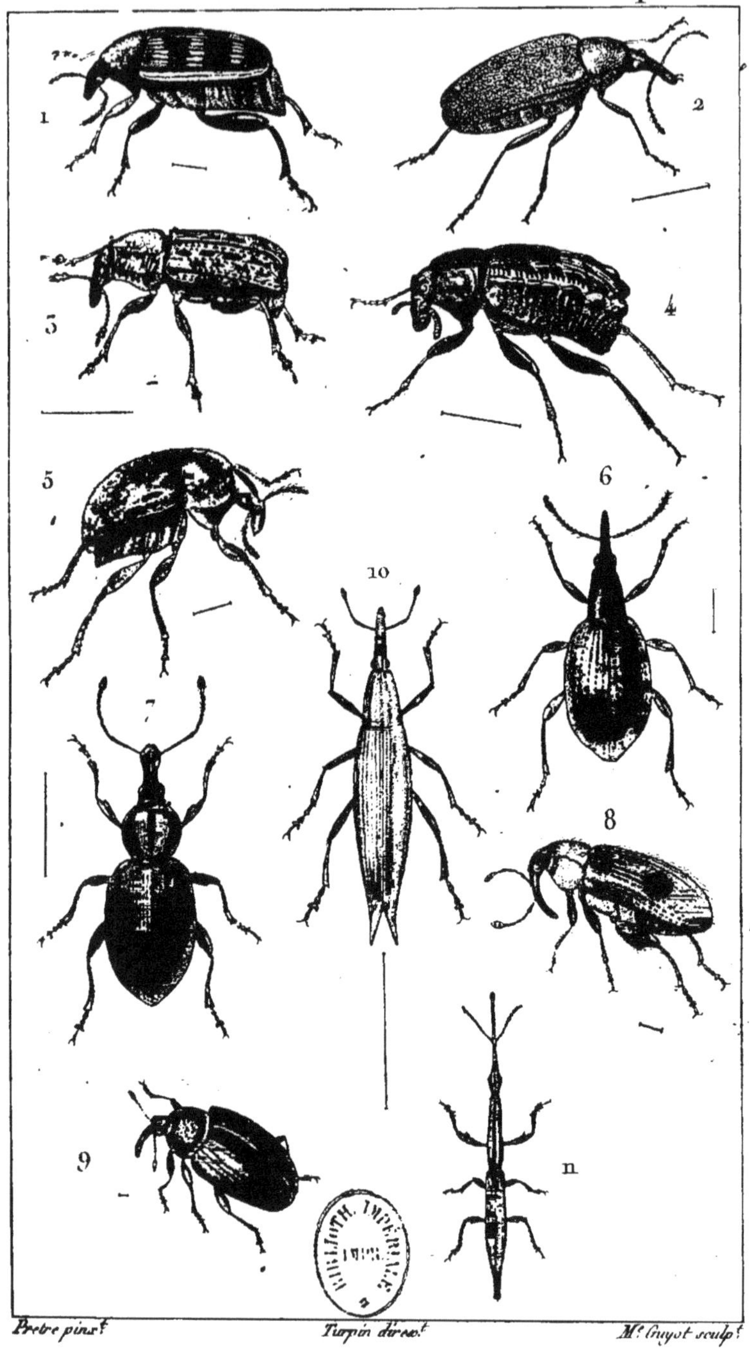

Pretre pinx.t Turpin direx.t M.e Guyot sculp.t

RHINOCÈRES.

1. Bruche *du pois.*
2. Becmare *curculionoïde.*
3. Anthribe *large-bec.*
4. Brachycère *de Barbarie.*
5. Attelabe *du coudrier.*
6. Oxystome *de pomone.*
7. Charanson *de la livèche.*
8. Orcheste *de l'aulne.*
9. Ramphe *flavicorne.*
10. Lixe *paraplectique.*
11. Brente *anchorago.*

ZOOLOGIE.

ENTOMOLOGIE. Coléoptères.

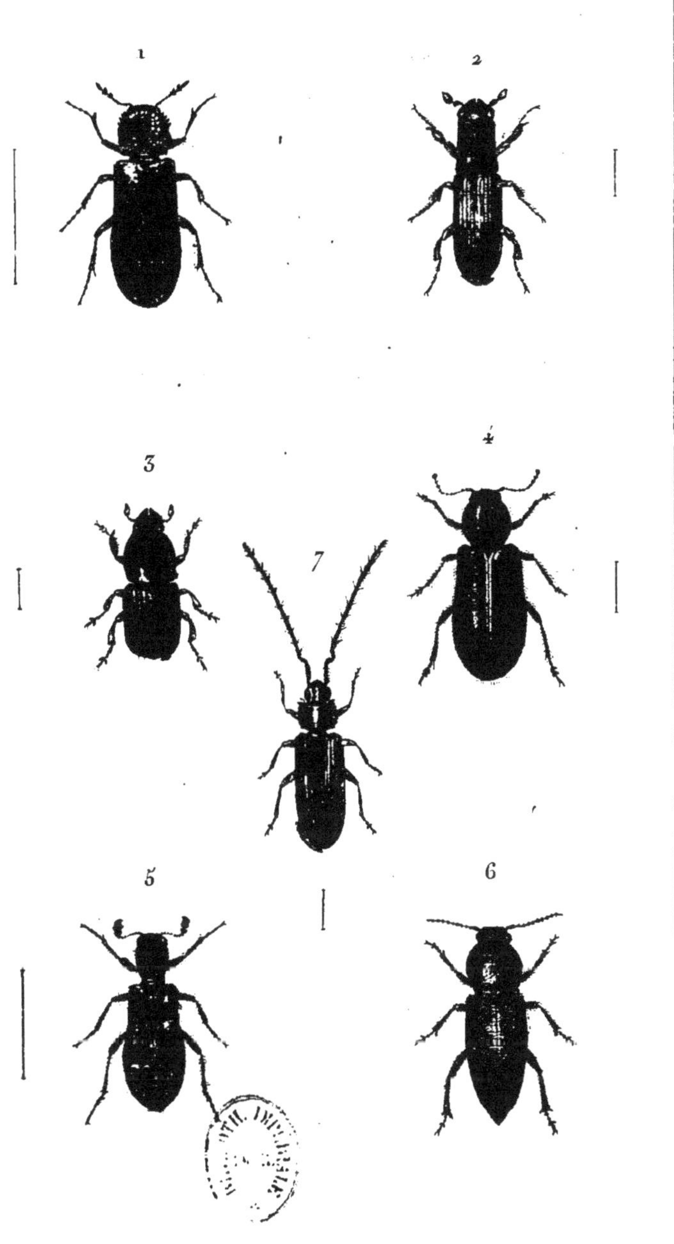

Prêtre pinx.t *Turpin direx.t* *Forestier sculp.t*

CYLINDROÏDES. 1. Apate *capucin*. 2. Bostriche *cylindrique*. 3. Scolyte *de l'orme*. 4. Nécrobie *violette*. 5. Clairon *des abeilles*.

GENRES ANOMAUX TÉTRAMÈRES. 6. Spondyle *buprestoïde*. 7. Cucuje *pattes jaunes*.

ZOOLOGIE.

ENTOMOLOGIE. Coléoptères.

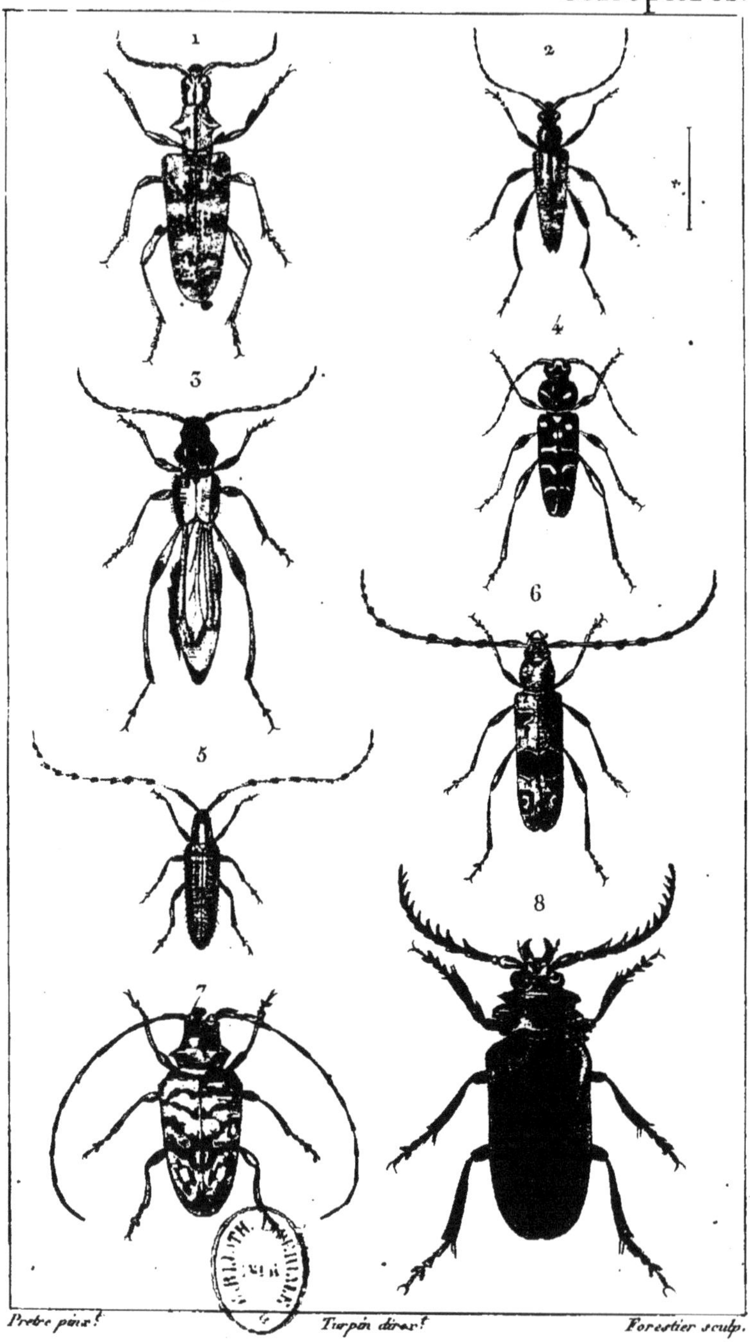

Prêtre pinx.t *Turpin direx.t* *Forestier sculp.*

XYLOPHAGES.

1. Rhagie *mordace.*
2. Lepture *cotoneuse.*
3. Molorque *raccourci.*
4. Callidie *arqué.*
5. Saperde *du chardon.*
6. Capricorne *des alpes.*
7. Lamie *belle.*
8. Prione *corroyeur.*

ZOOLOGIE.

ENTOMOLOGIE. Coléoptères.

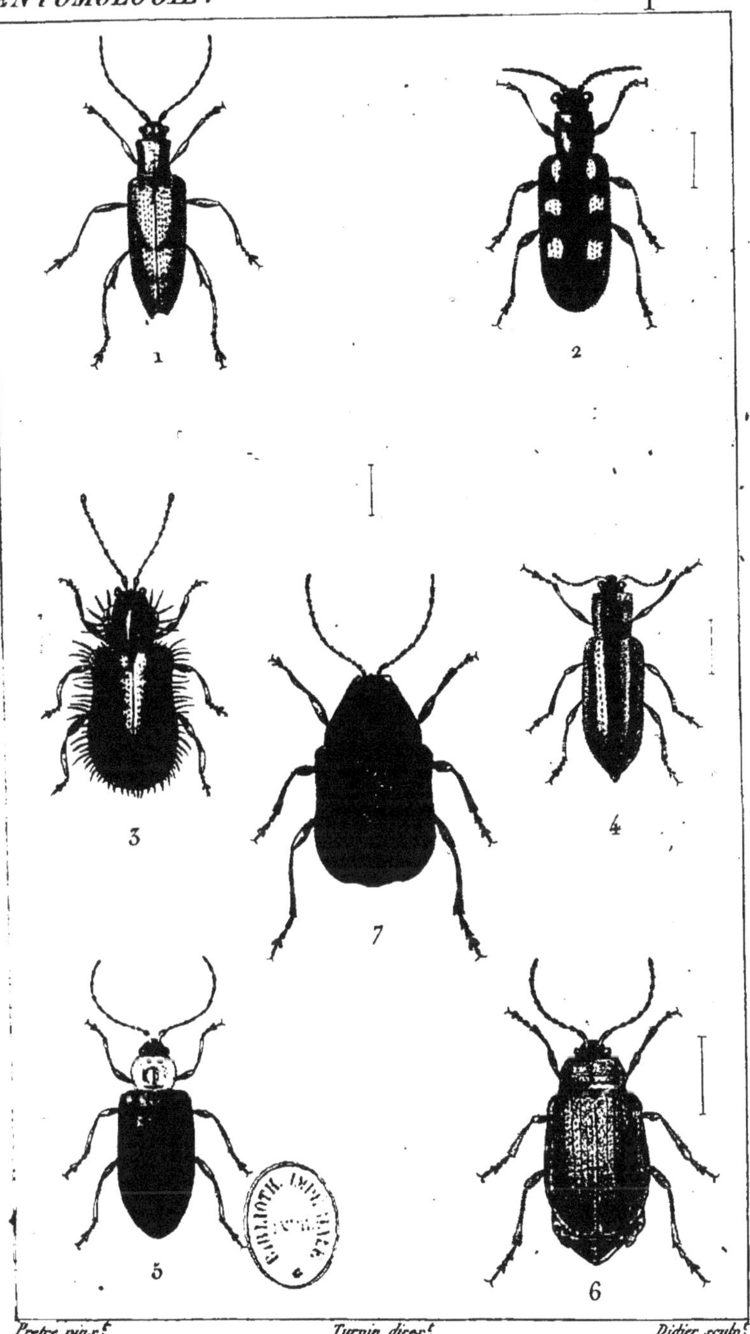

Pretre pinx.t Turpin direx.t Didier sculp.t

PHYTOPHAGES.

1. Donacie *à bandes.*
2. Criocère *de l'asperge.*
3. Hispe *testacée.*
4. Hélode *du phellandrium.*
5. Lupère *pattes-jaunes.*
6. Galéruque *de la tanaisie.*
7. Gribouri *Soyeux.*

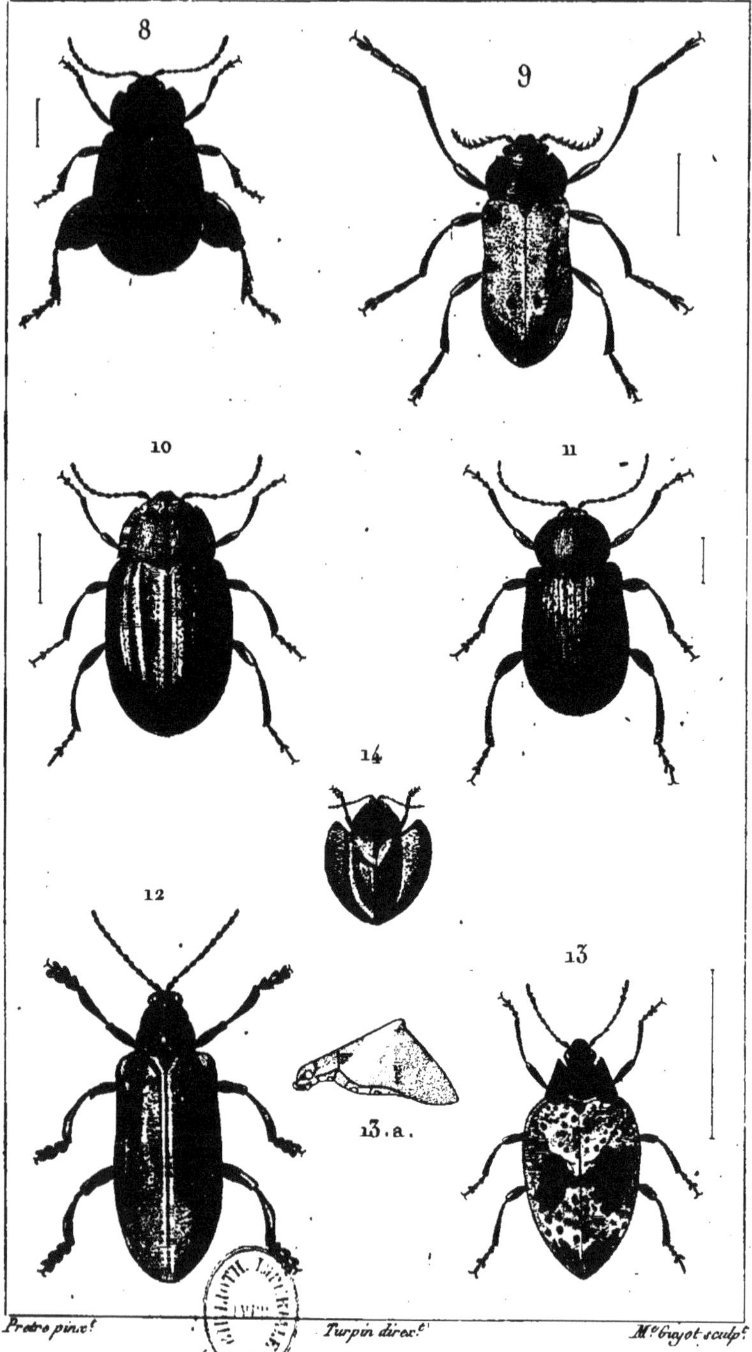

Pretre pinx. Turpin direx. Me Guyot sculp.

(Suite des.) PHYTOPHAGES.

8. Aluse *bordurée.*	12. Alurne *grossier.*
9. Clytre *longues-pattes.*	13. Erotyle *bossu.*
10. Chrysomèle *céréale.*	13.a. *Id. vu de profil.*
11. Eumolpe *de la vigne.*	14. Casside *écusson.*

ZOOLOGIE.

ENTOMOLOGIE. Coléoptères.

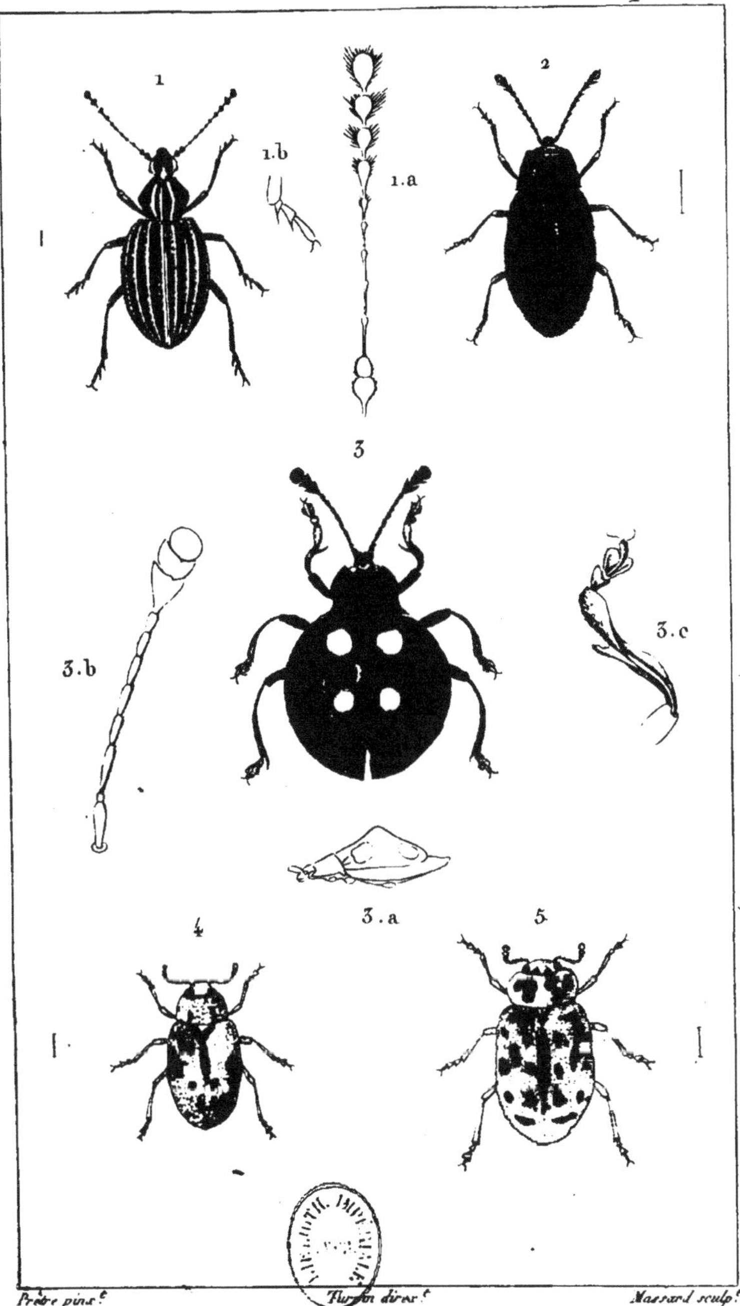

TRIMÉRÉS.
1. Dasycère *sillonė.* 1.a *Antenne grossie.* 1.b. *Tarse.*
2. Endomyque *écarlate.*
3. Eumorphe *de Sumatra.* { 3.a. *Vu de profil.* 3.b. *Antenne gros.ie* 3.c. *Jambe antérieure et tarse grossis.*
4. Scymne *à écusson.*
5. Coccinelle *dix-neuf points.*

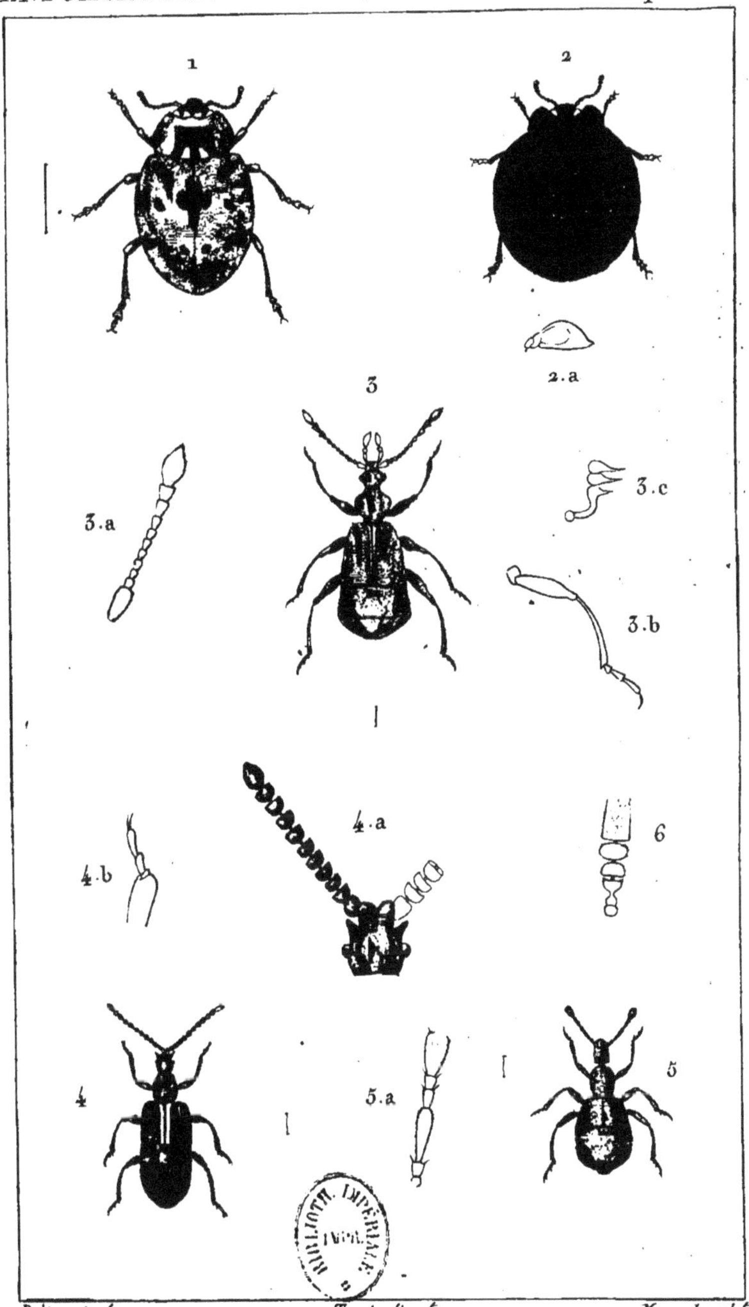

Prêtre pinx.t *Turpin direx.t* *Massard sculp.t*

TRIMÉRÉS.

1. Coccinelle *ocellée*.
2. Coccinelle *à plaie*. 2.a *Id vue de profil, de Grand. nat.*
3. Psélaphe *hœmatique*. 3.a *Antenne, très grossie du* Cteniste *palpiste*.
3.b. *l'une de ses pattes postér.res tr.s gr.ie* 3.c. *l'un de ses palpes maxillaires, tr.s gr.ie*
4. Chennie *bituberculé*. 4.a *Sa tête et son antenne gros.ie* 4.b *Tarse*.
5. Clavigère *longicorne*. 5.a *Antenne très grossie*.
6. *Antenne très grossie du* Clavigère *à fossettes*.

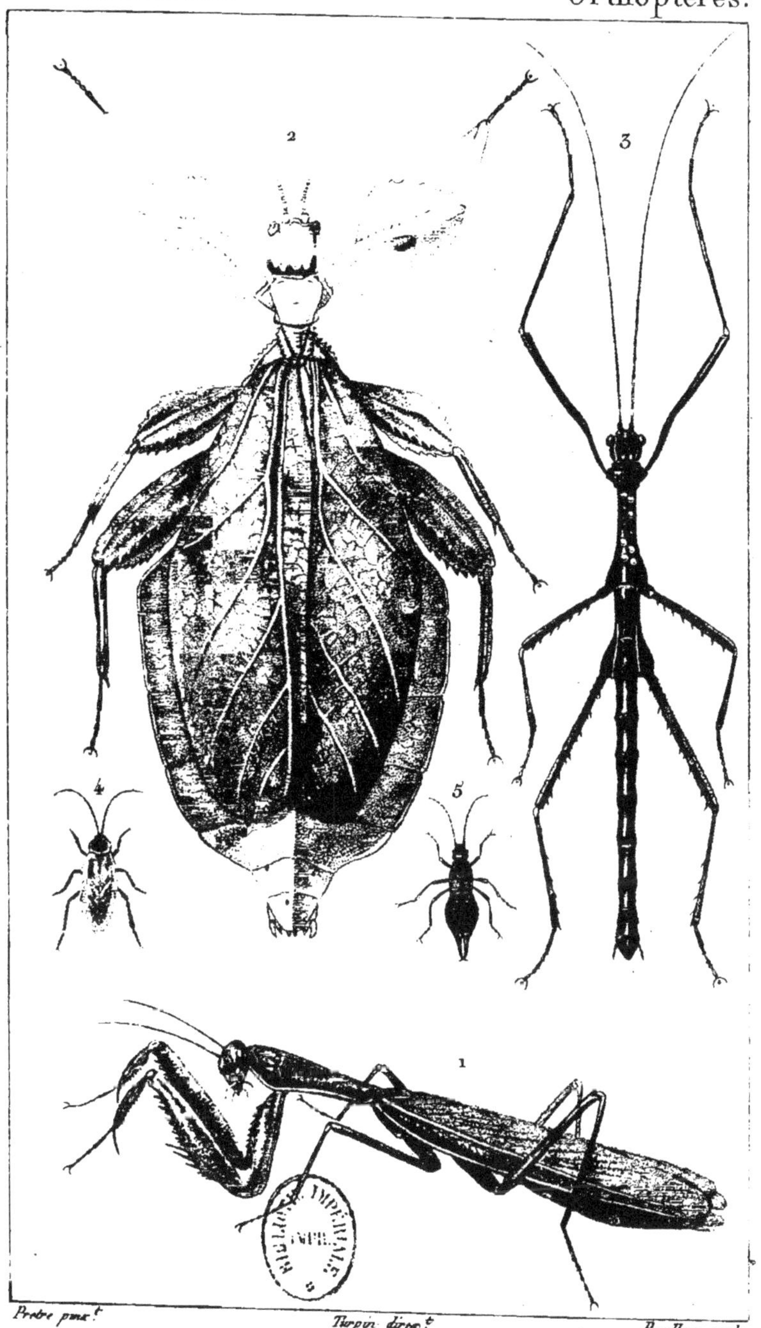

Pretre pinx.t *Turpin direx.t* *Prudhon sculp.*

ANOMIDES { 1 Mante *striée*. 2 Phyllie *feuille*. 3 Phasme *géant*.
4 Blatte *laponaise*. 5 Forficule *parallèle*.

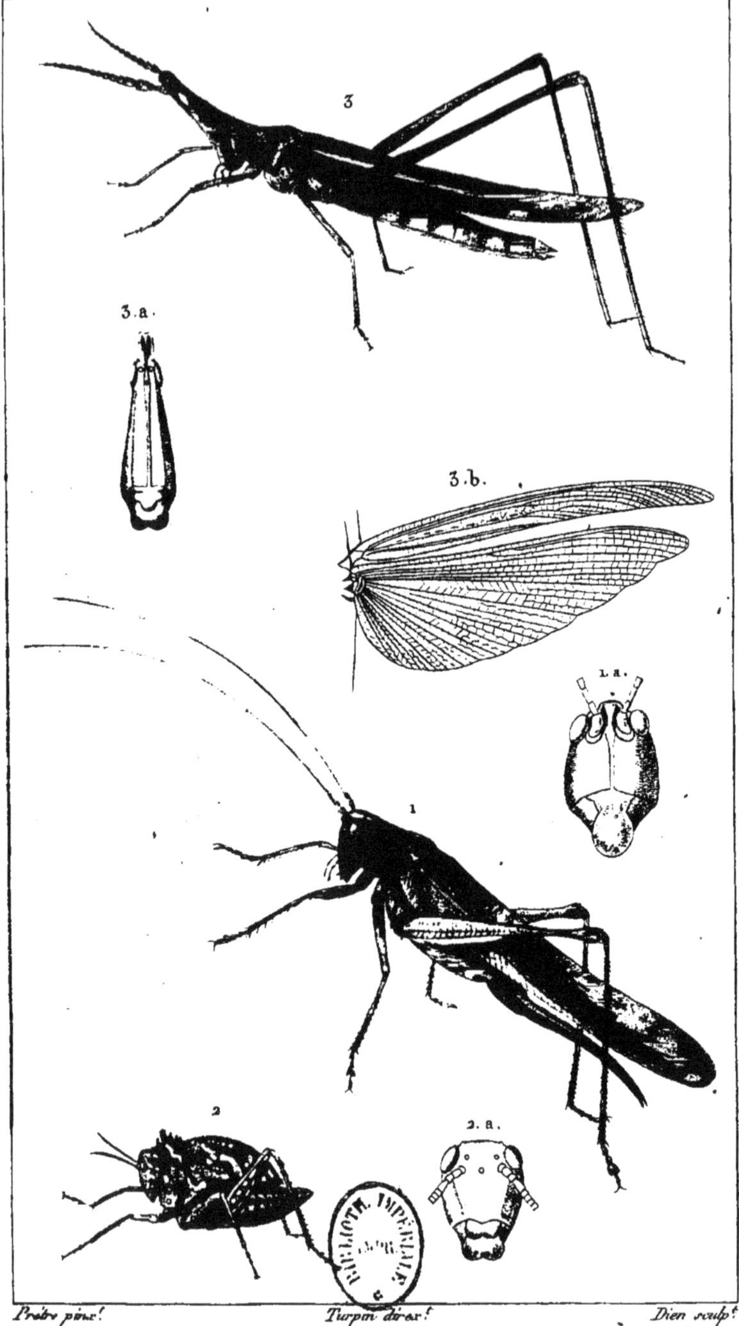

Prêtre pinx.t *Turpin direx.t* *Dien sculp.t*

GRYLLOÏDES. {
1. Locuste *très verte.* 1. a. *la tête de face.*
2. Pneumore *à papilles.* 2. a. *sa tête.*
3. Truxale *nasu.* 3. a. *sa tête.* 3. b. *ses ailes étendues.*

ZOOLOGIE.

ENTOMOLOGIE. Orthoptères.

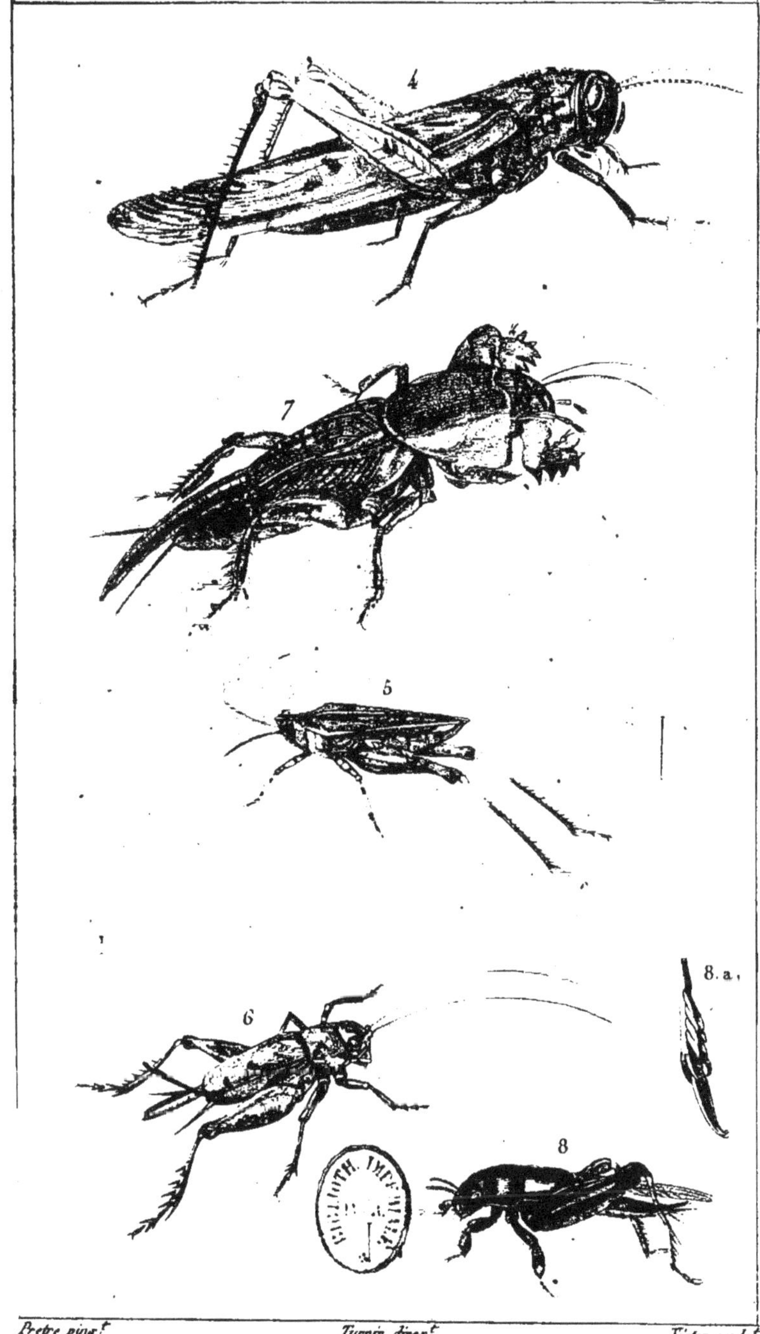

Pretre pinx.t Turpin direx.t Victor sculp.t

GRYLLOÏDES.
4. Sauterelle *émigrante*.
5. Criquet *deux points*.
6. Gryllon *des cuisines*.
7. Courtillière *taupe-gryllon*.
8. Tridactyle *Paradoxe*. 8.a. *tarse infér.r*

ZOOLOGIE.

ENTOMOLOGIE. Névroptères.

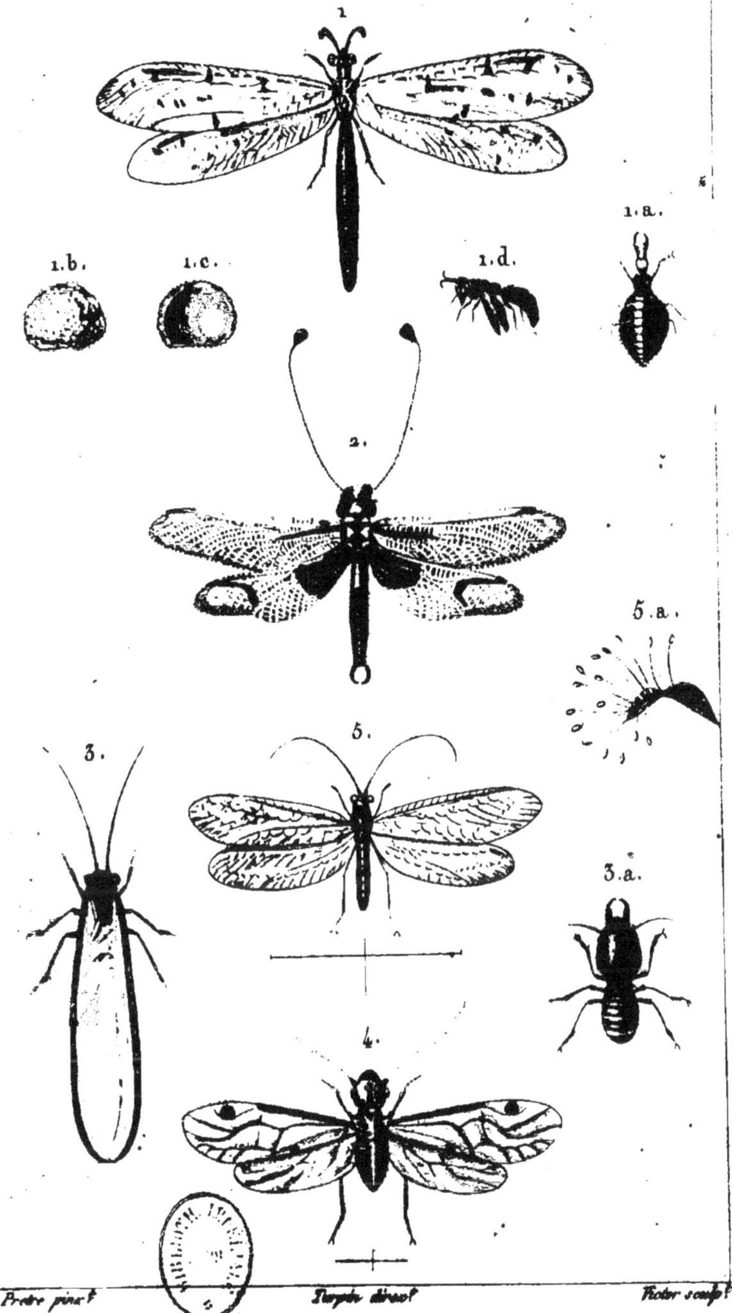

Prêtre pinx.t *Turpin direx.t* *Victor sculp.t*

STÉGOPTÈRES.

1. Fourmilion *des fourmis*. 1. a. *sa larve*. 1. b. *la coque vue en dehors*. 1. c. *Id. vue en dedans*. 1. d. *la nymphe*.
2. Ascalaphe *italien*.
3. Termite *fatal (mâle.)* 3. a. *individu neutre*.
4. Psoque *deux points*.
5. Hémérobe *chrysops*. 5. a. *œufs d'hémérobe*.

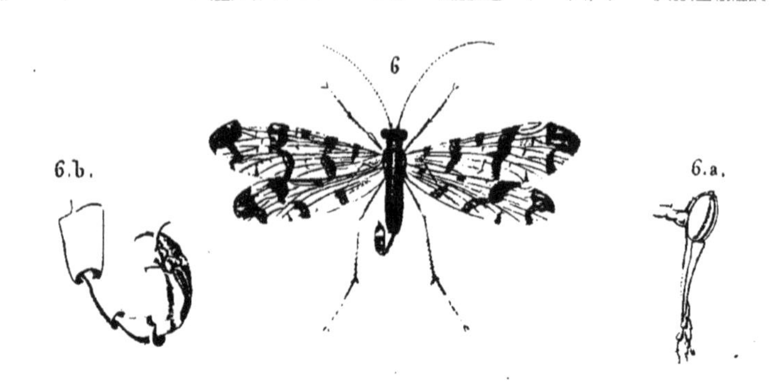

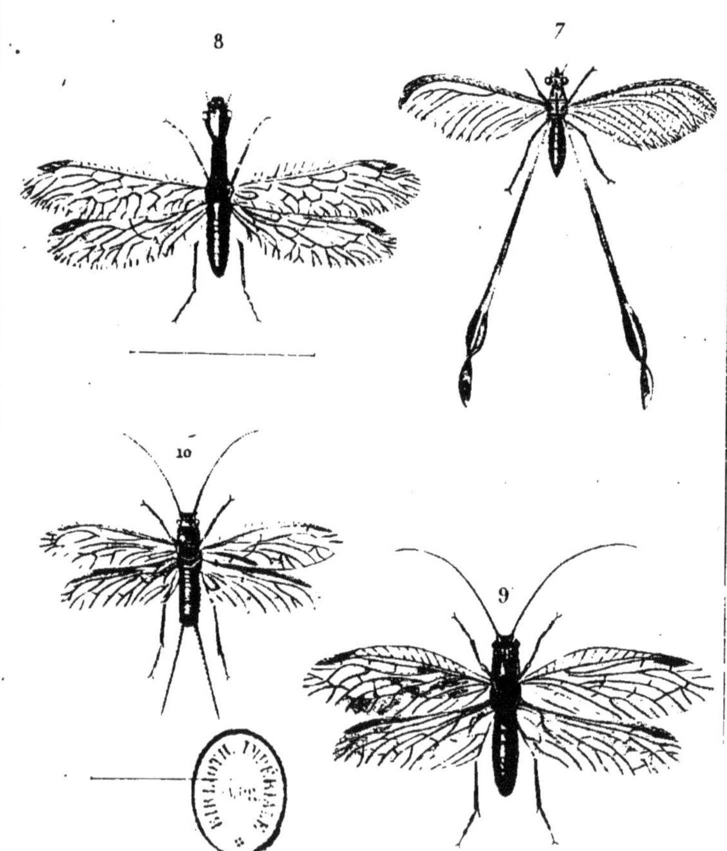

Pretre pinx.t *Turpin direx.t* *Victor sculp.t*

STÉGOPTÈRES.
6. Panorpe *commune* { a. *sa tête et sa trompe.* b. *sa queue articulée.*
7. Némoptère *à balanciers.*
8. Raphidie *serpent.*
9. Semblide *de la boue.*
10. Perle *deux queues.*

ZOOLOGIE.

ENTOMOLOGIE. Névroptères.

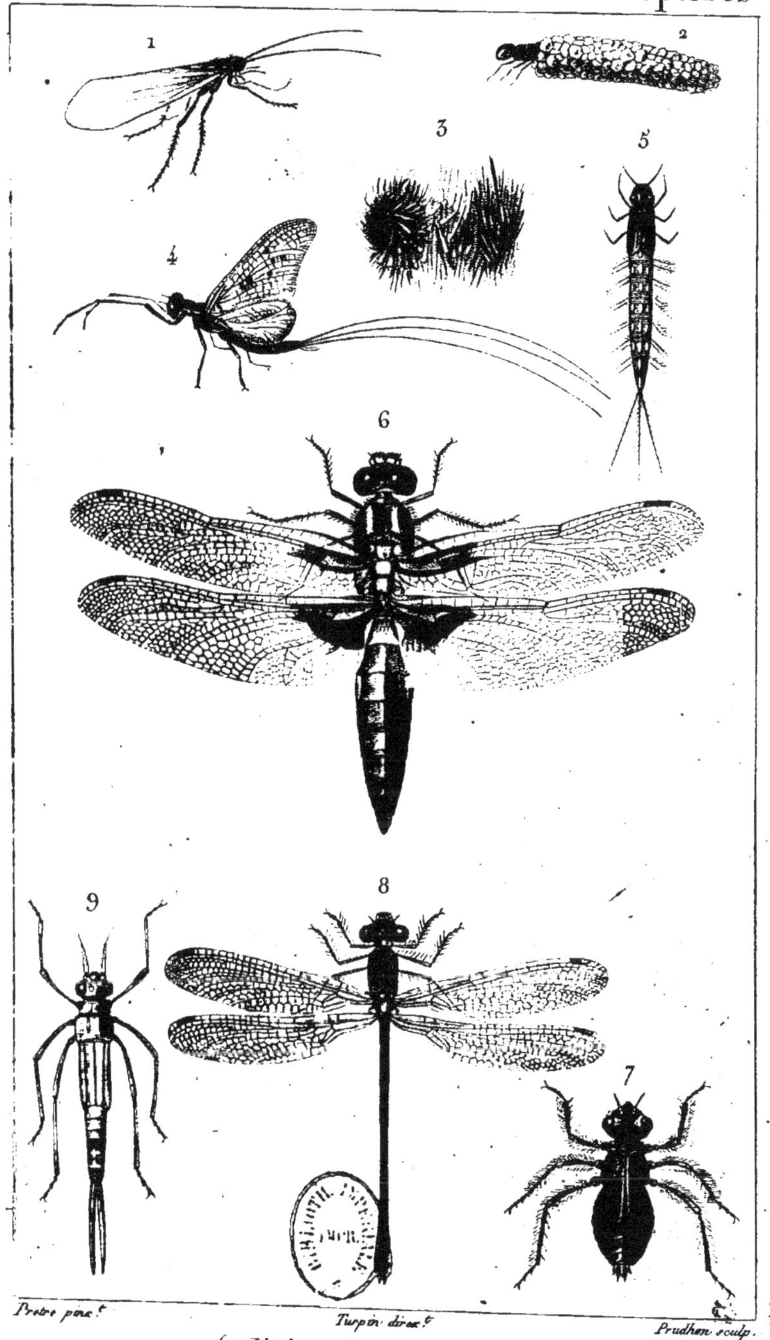

AGNATHES. { 1 Frigane *jaune*. 2. 3 *larves dans leur étui*.
{ 4 Ephémère *vulgaire*. 5 *sa Nymphe*.

LIBELLES. { 6 Libellule *déprimée*. 7 *sa Nymphe*.
{ 8 Agrion *Fillette*. 9 *sa Nymphe*.

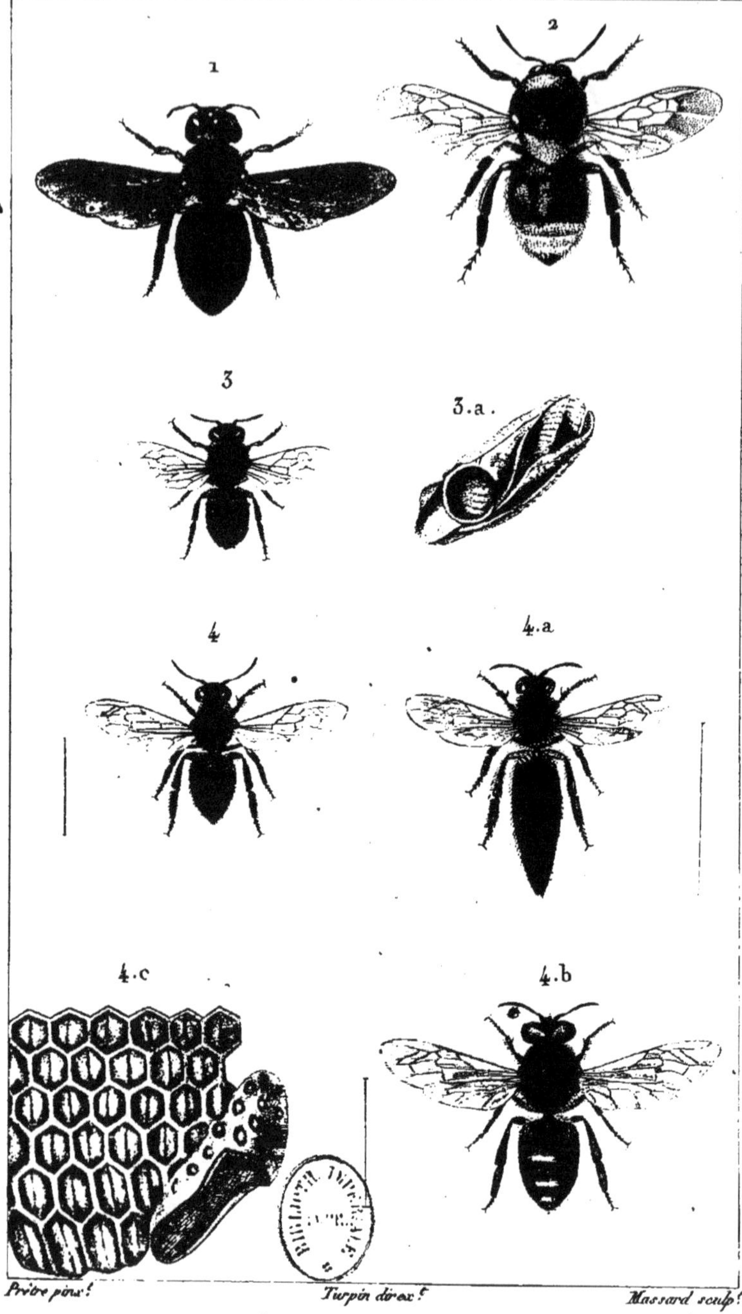

Prêtre pinx.t Turpin direx.t Massard sculp.t

MELLITES.

1. Xylocope *violette.*
2. Bourdon *gâcheur.*
3. Phyllotome *empileur.*
3.a. *Feuilles de rosier réunies en forme de dé.*
4. Abeille à miel *neutre ou ouvrière.*
4.a. *Femelle.* 4.b. *Mâle ou Frelon.* 4.c. *Portion de gateau de cire avec une cellule de Reine, ouverte artificiellement.*

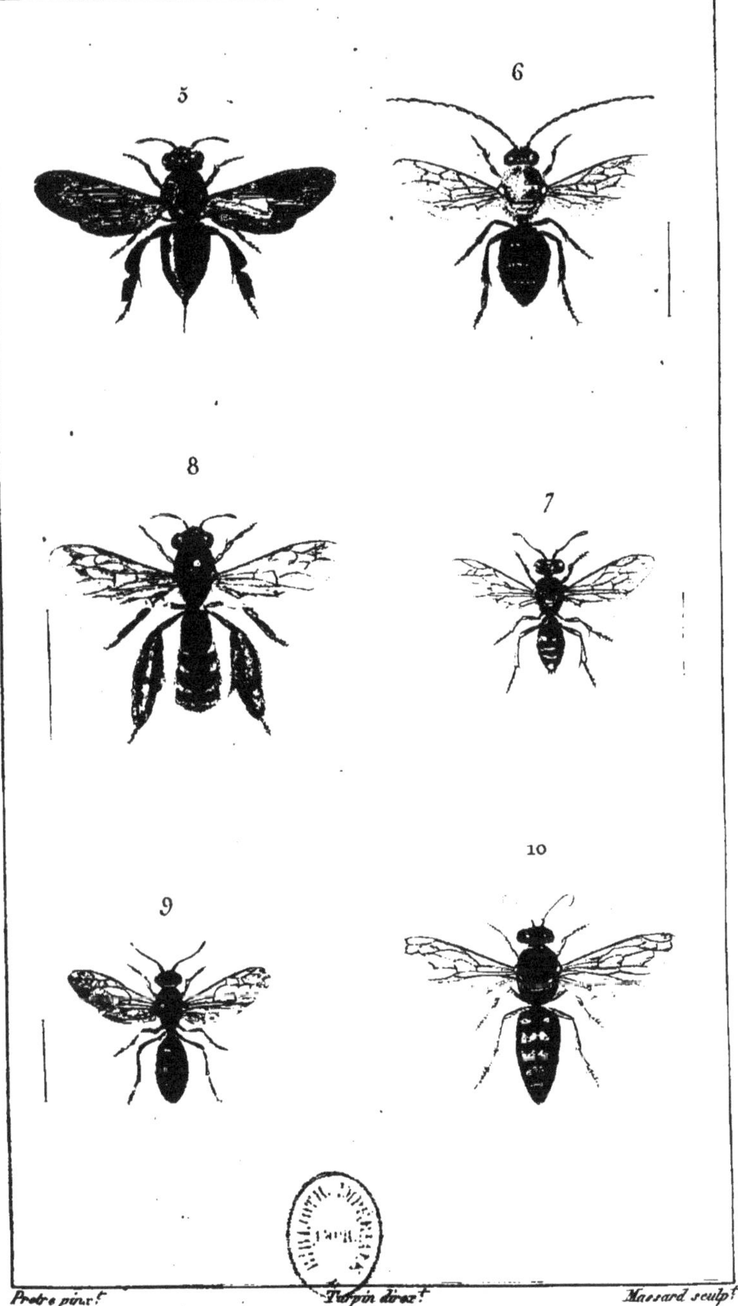

Pretre pinx.t Turpin direx.t Massard sculp.t

MELLITES. 5. Euglosse *dentée*. 6. Eucère *antennée*. 7. Nomade *fardée*. 8. Andrène *plumipède*. 9. Hylée *pattes-blanches*. 10. Bembèce *à bec*.

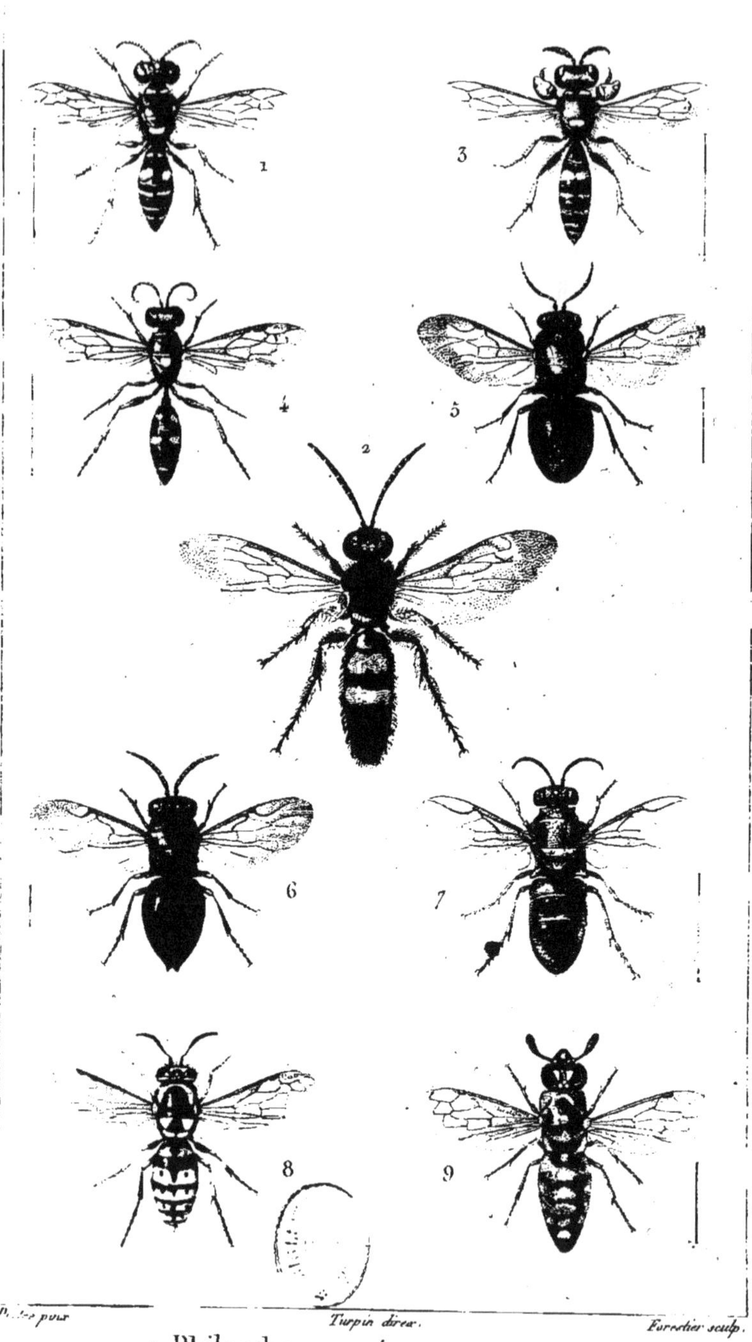

P... pour — Turpin direx. — Forestier sculp.

ANTOPHILES { 1 Philanthe *couronné*. 2 Scolie 4 *taches*. 3 Crabron *à cribles*. 4 Melline *ruficorne*.

CHRYSIDES { 5 Cryside *lucidule*. 6 Omale *d'airain*. 7 Parnope *chair*.

PTERODIPLES { 8 Guêpe *commune*. 9 Masare *apiforme*.

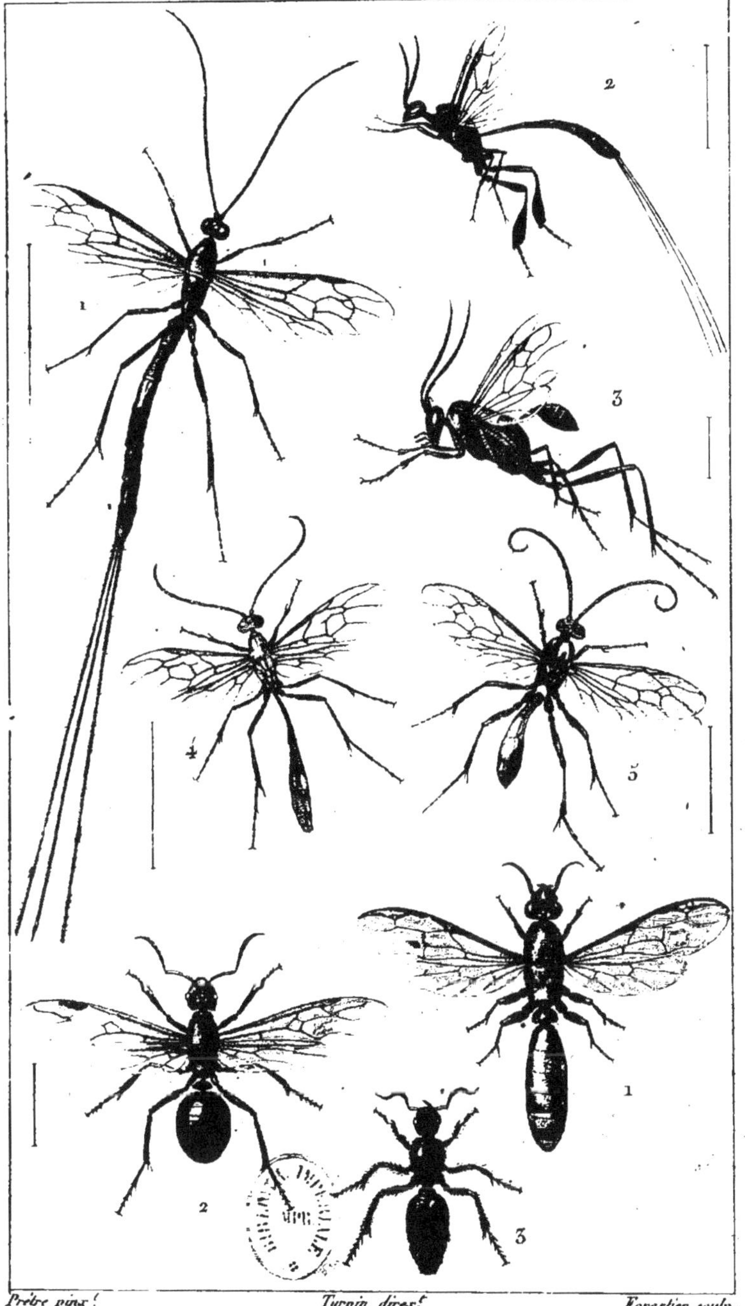

Prêtre pinx.t *Turpin direx.t* *Forestier sculp.*

ENTOMOTILLES.
1. Ichneumon *manifestateur.*
2. Fœne *lancier.*
3. Evanie *appendigastre.*
4. Ophion *jaune.*
5. Banche *peint.*

MYRMÈGES.
1. Doryle *baie.*
2. Fourmi *rousse (Fem.)*
3. Mutille *écarlate.*

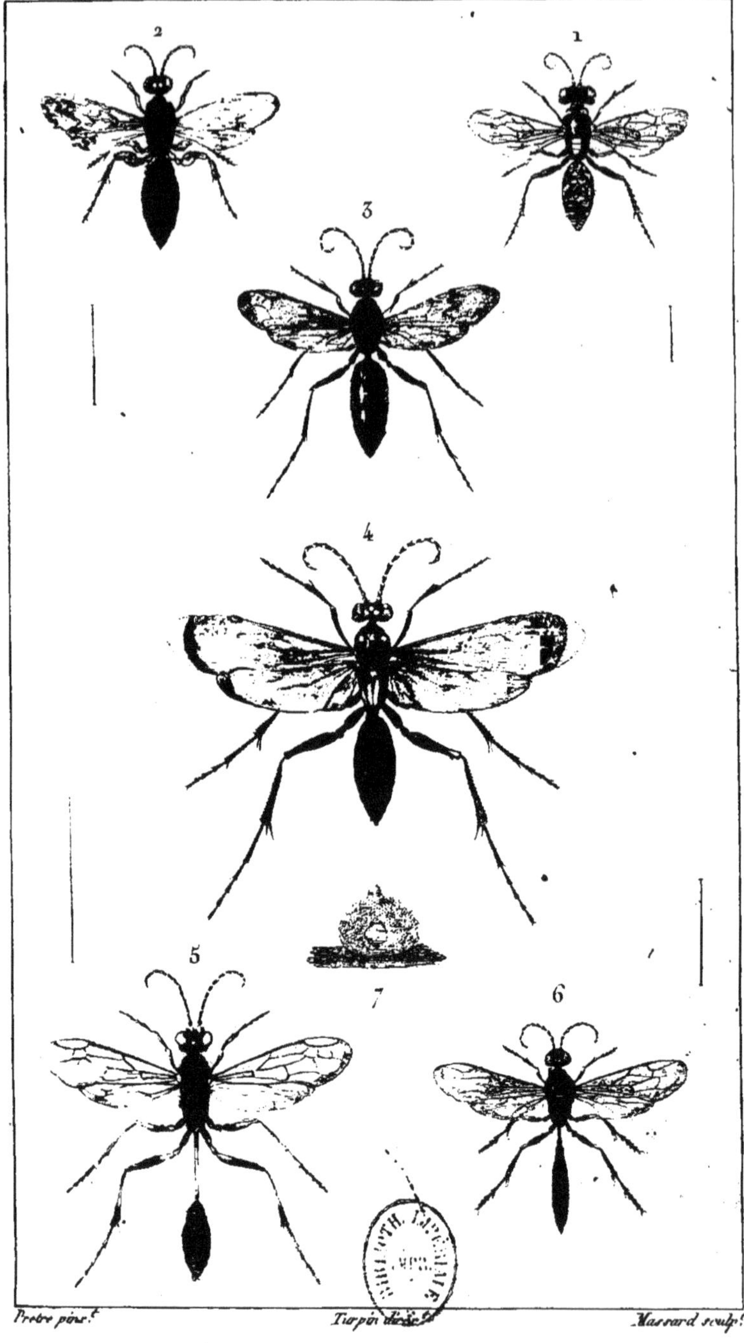

Pretre pinx.t Turpin direx.t Massard sculp.t

ORYCTÈRES. 1. Larre *à collier*. 2. Tiphie *à cuisses*. 3. Pompile *des chemins*. 4. Pepside *bleue* 5. Sphège *spirifège*. 6. Tripoxylon *potier*.

7. *Le nid en terre dont l'insecte est sorti*.

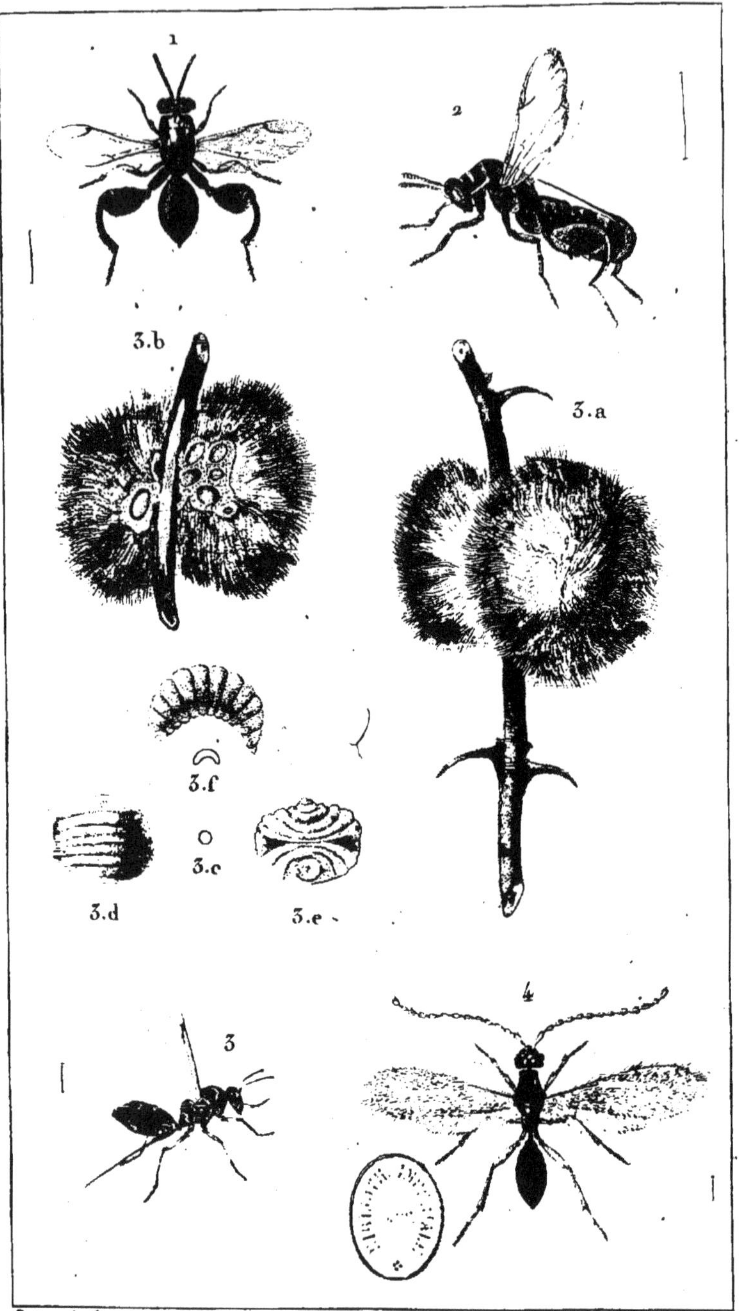

Prêtre pinx.t Turpin direx.t Massard sculp.t

NÉOTTOCRYPTES. 1. Chalcide *menue.* 2. Leucopside *dorsigère.* 3. Cynips *du Bédéguar.* 4. Psile *élégant.* Diaprie. *(Latr.)*

3.a. *Branche d'églantier avec sa mousse ou bédéguar.*

3.b. *Le bédéguar ouvert, on y voit les celulles où sont les larves.*

3.c. *Larve.* 3.d. *Grossie en dessus.* 3.e. *En dessous.* 3.f. *Larve étendue.*

ZOOLOGIE.

ENTOMOLOGIE. Hyménoptères.

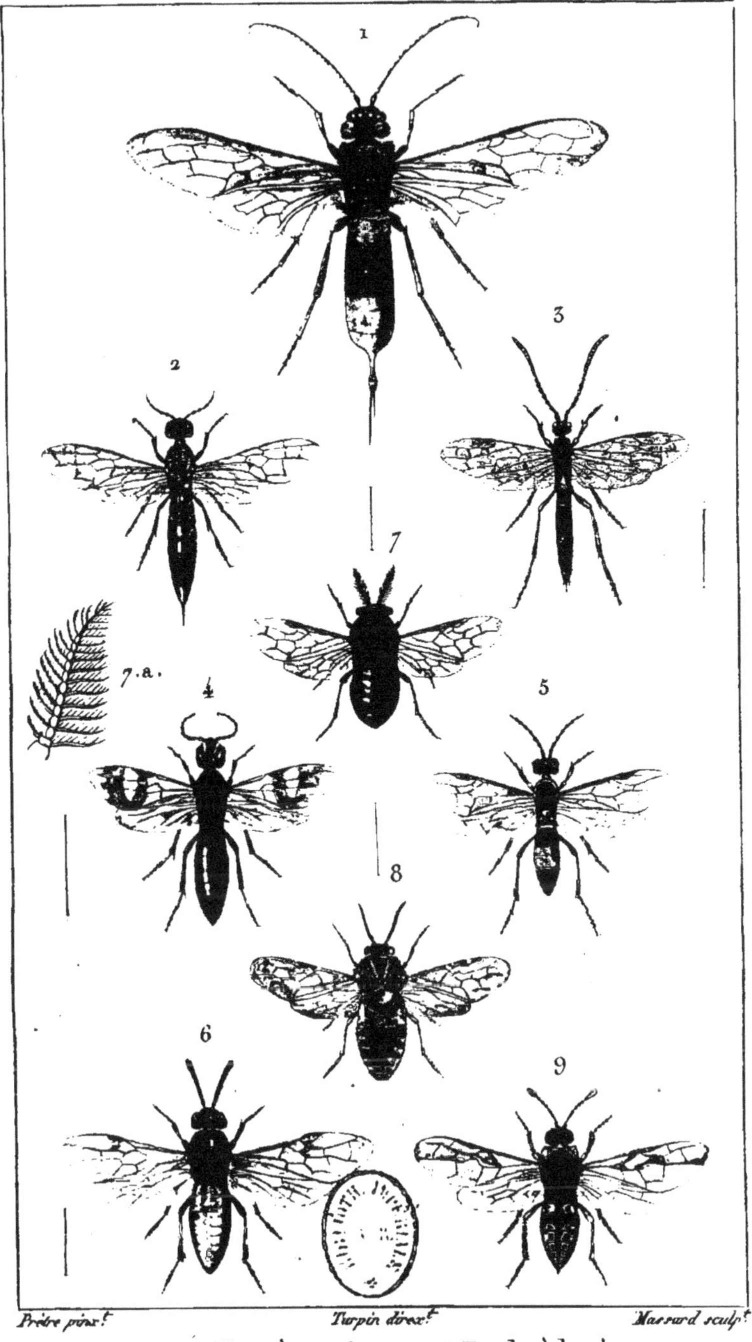

Prêtre pinx.t *Turpin direx.t* *Massard sculp.t*

UROPRISTES.
1. Urocère *géant*.
2. Xiphydrie *chameau*.
3. Sirèce *satyre*.
4. Orysse *couronné*.
5. Tenthrède *à zones*.
6. Hylotome *du rosier*.
7. Hylotome *du pin. (mâle)*
7. a. *Antenne grossie*.
8. Hylotome *du pin. (femelle)*.
9. Cimbèce *à épaulettes*.

ZOOLOGIE.

ENTOMOLOGIE. Hémiptères.

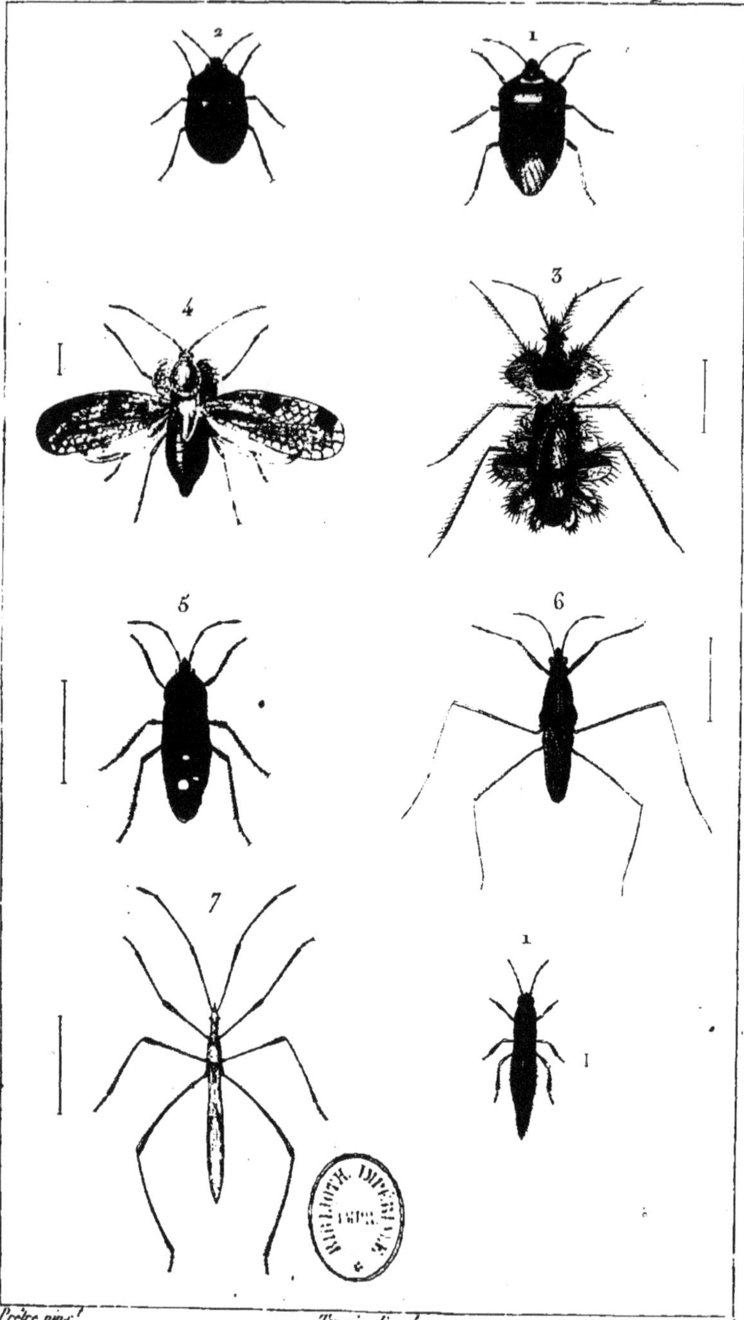

Prêtre pinx. *Turpin direx.* *Dien sculp.*

RHINOSTOMES.
1. Pentatome *verd.*
2. Scutellaire *siamoise.*
3. Corée *paradoxe.*
4. Acanthie *du raisin.*
5. Lygée *chevalier.*
6. Gerre *des lacs.*
7. Podicère *tipulaire.*

PHYSAPODES. 1. Thrips.

ZOOLOGIE.

ENTOMOLOGIE — Hémiptères.

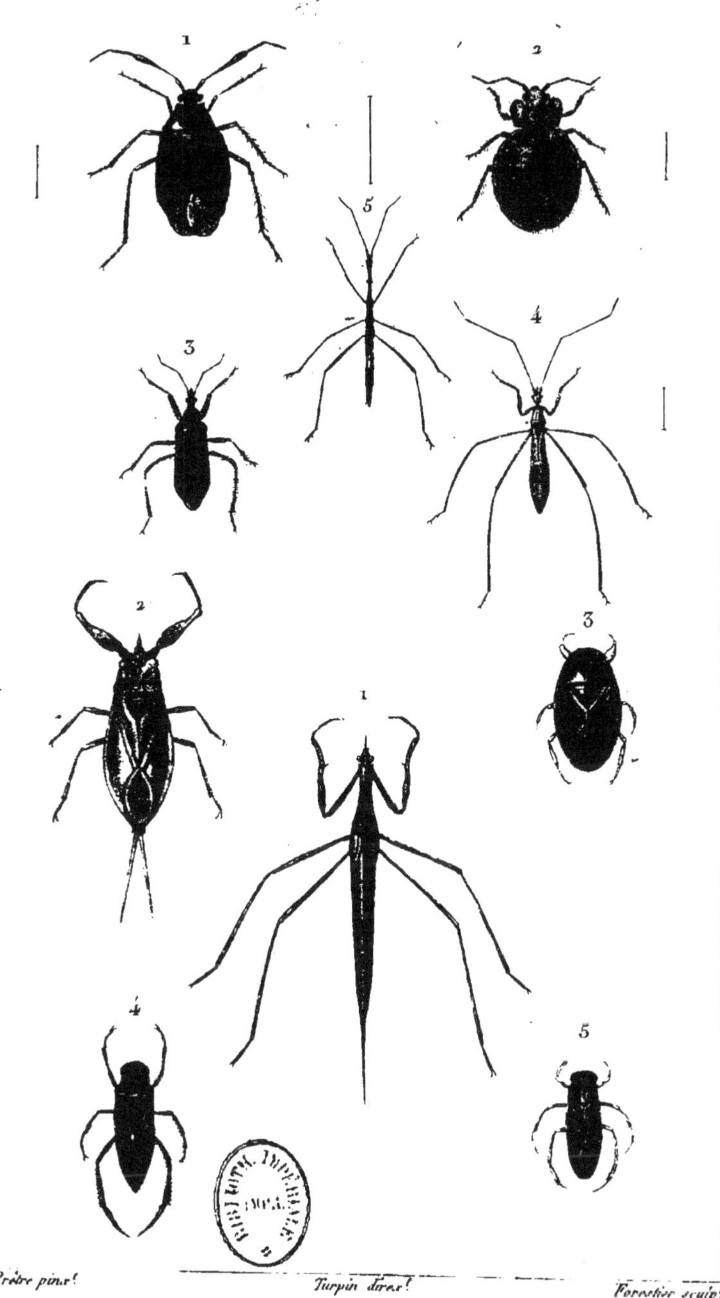

Prêtre pinx. — Turpin direx. — Forestier sculp.

ZOADELGES. 1. Miride *cou jaune.* 2. Punaise *des lits.* 3. Réduve *annelé.* 4. Ploière *vulgaire.* 5. Hydromètre *linéaire.*

HYDROCORÉES. 1. Ranatre *linéaire.* 2. Népe *cendré.* 3. Naucore *cimicoïde.* 4. Notonecte *glauque.* 5. Sigare *striée.*

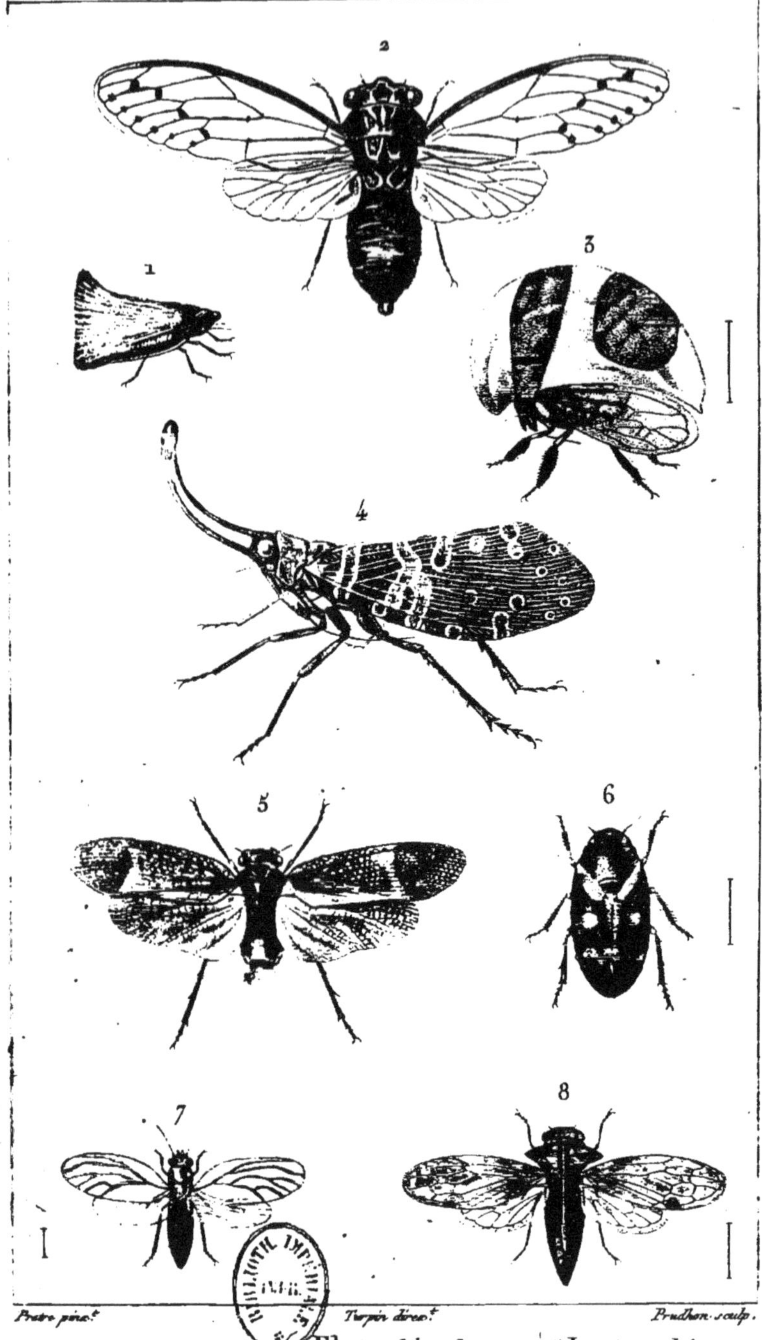

Prêtre pinx.t Turpin direx.t Prudhon sculp.

AUCHÉNORYNQUES.

1 Flate *blanche*.
2 Cigale *du frêne*.
3 Membrace *foliée*.
4 Fulgore *chandelière*.
5 Lystre *laineuse*.
6 Cercope *sanguinolent*.
7 Delphax *pellucide*.
8 Centrote *cornu*.

ZOOLOGIE.

ENTOMOLOGIE. Hémiptères.

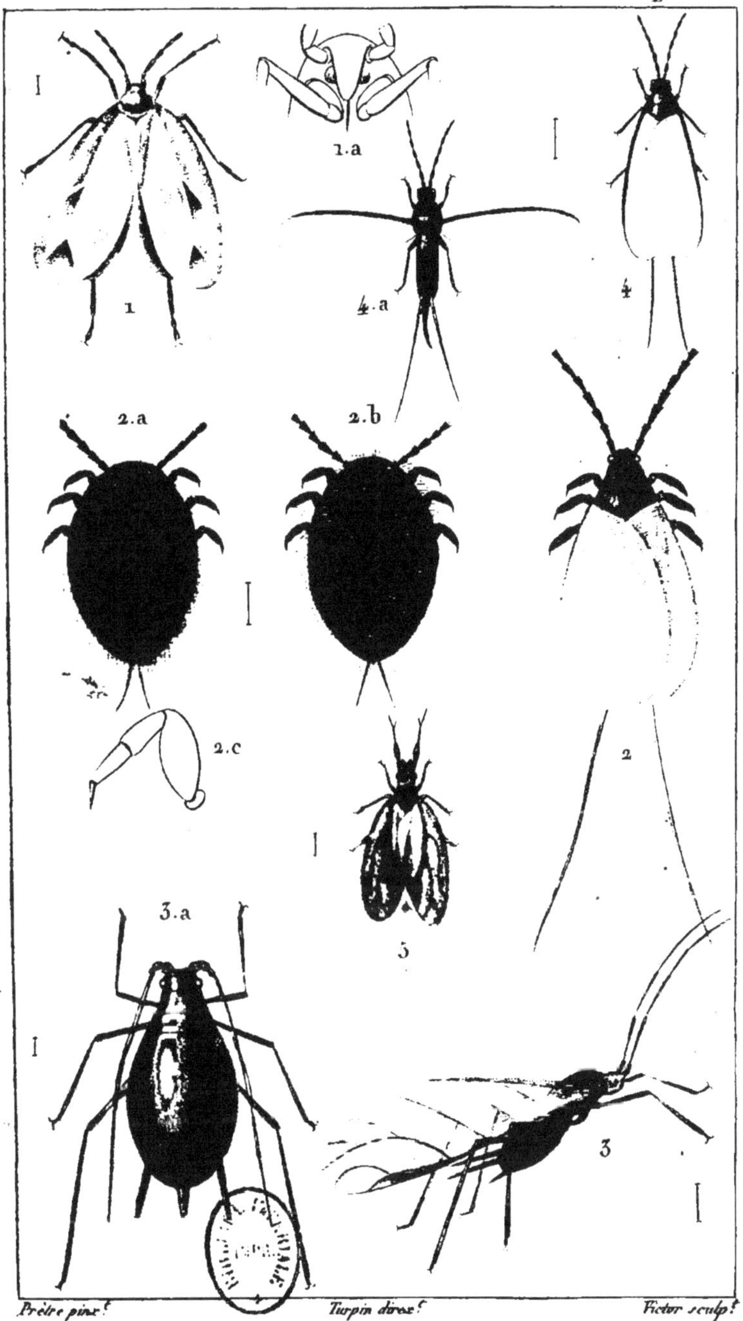

Prêtre pinx.t *Turpin direx.t* *Victor sculp.t*

PHYTADELGES.

1. Aleyrode *de l'éclaire*. 1.a. *tête vue en dessous*.
2. Cochenille *du nopal*. *(Mâle)*.
   2.a. *femelle en dessus*. 2.b. *en dessous*. 2.c *patte grossie*.
3. Puceron *du rosier*. 3.a. *la larve*.
4. Kermès *du pêcher (Mâle)*. 4.a. *Id. les ailes étendue*.
5. Psylle *ou* Livie *du jonc*.

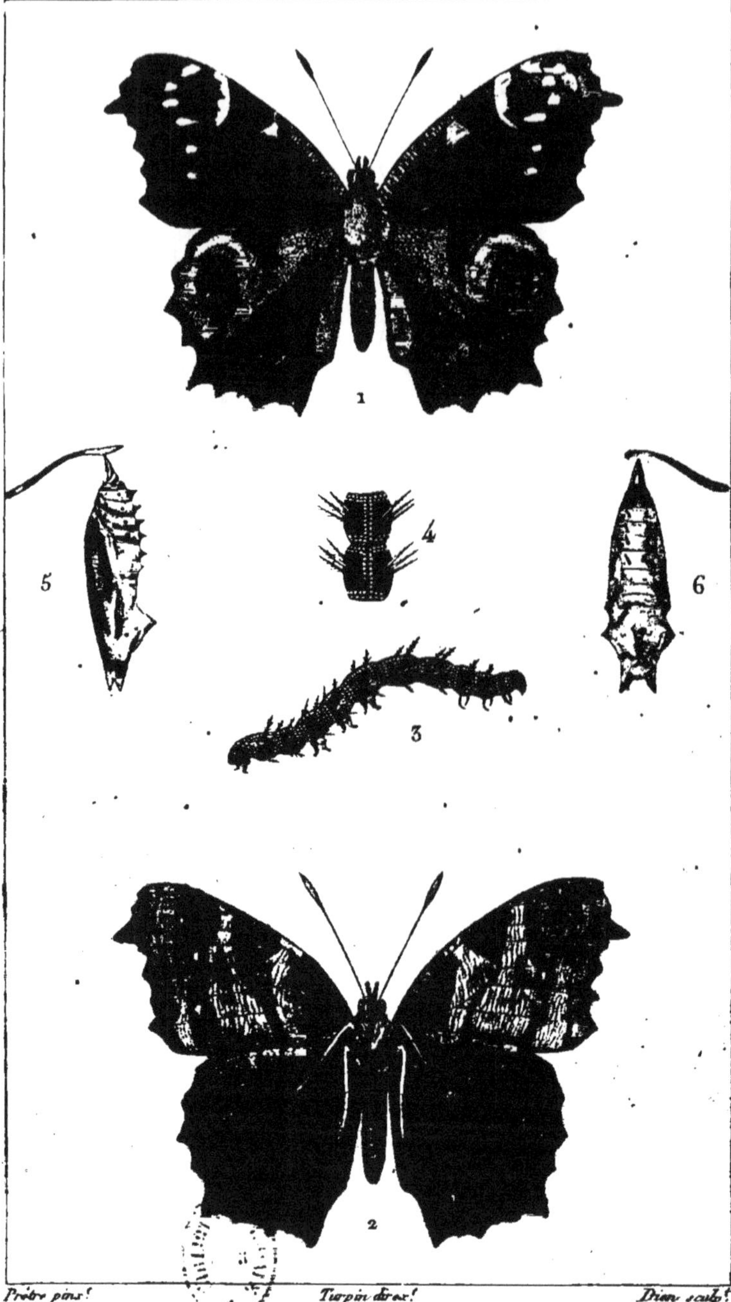

Prêtre pinx. *Turpin direx.* *Dien sculp.*

ROPALOCÈRES.

1. Papillon *Io ou* Paon *de jour.*
2. *Le même vu en dessous.*
3. *Sa chenille.*
4. *Deux anneaux de la même vus par le dos.*
5. *Chrysalide vue de profil.*
6. *La même vue en face, par le dos.*

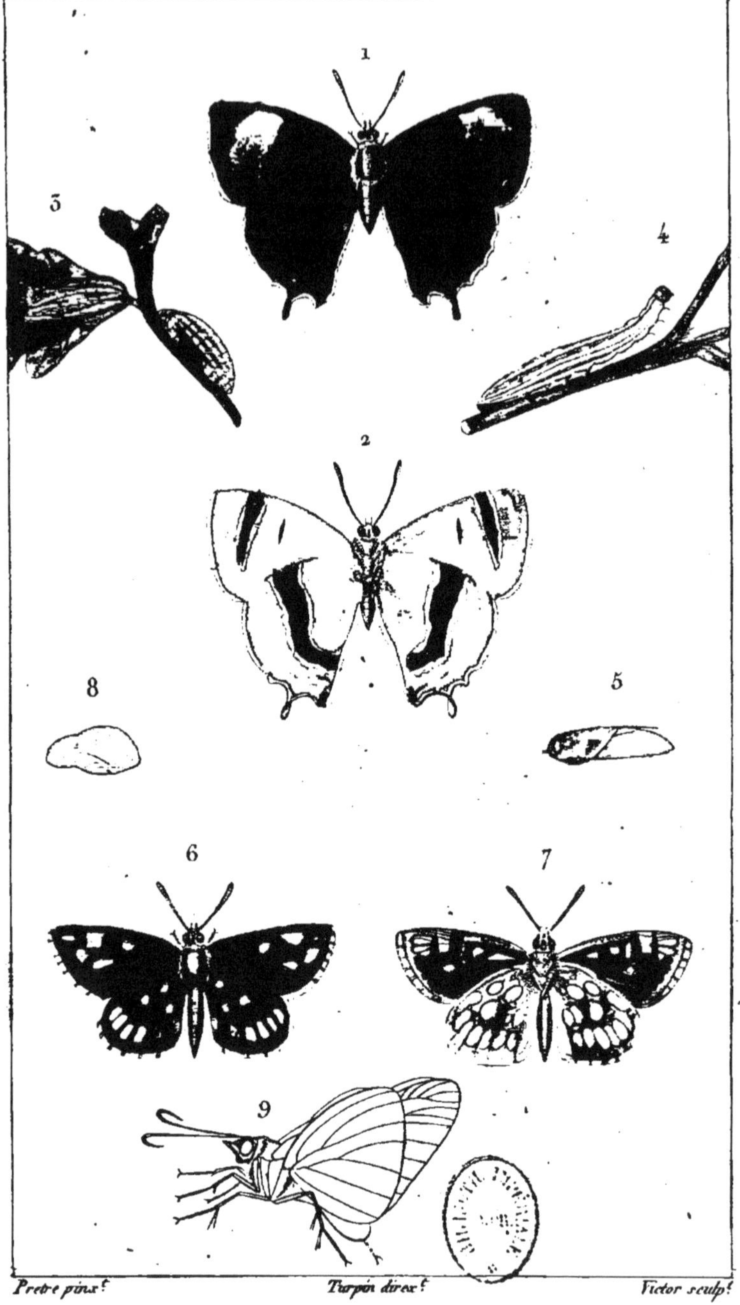

Pretre pinx.t Turpin direx.t Victor sculp.t

ROPALOCÈRES.

1 et 2. Hespérie *du bouleau en dessus et en dessous.*
3 et 4. *Chenille cloporte en repos et marchant.* 5. *Chrysalide.*
6 et 7. Hétéroptère *miroir.* 8. *Sa chrysalide.*
9. Hétéroptère *en repos.*

ZOOLOGIE.

ENTOMOLOGIE. Lépidoptères.

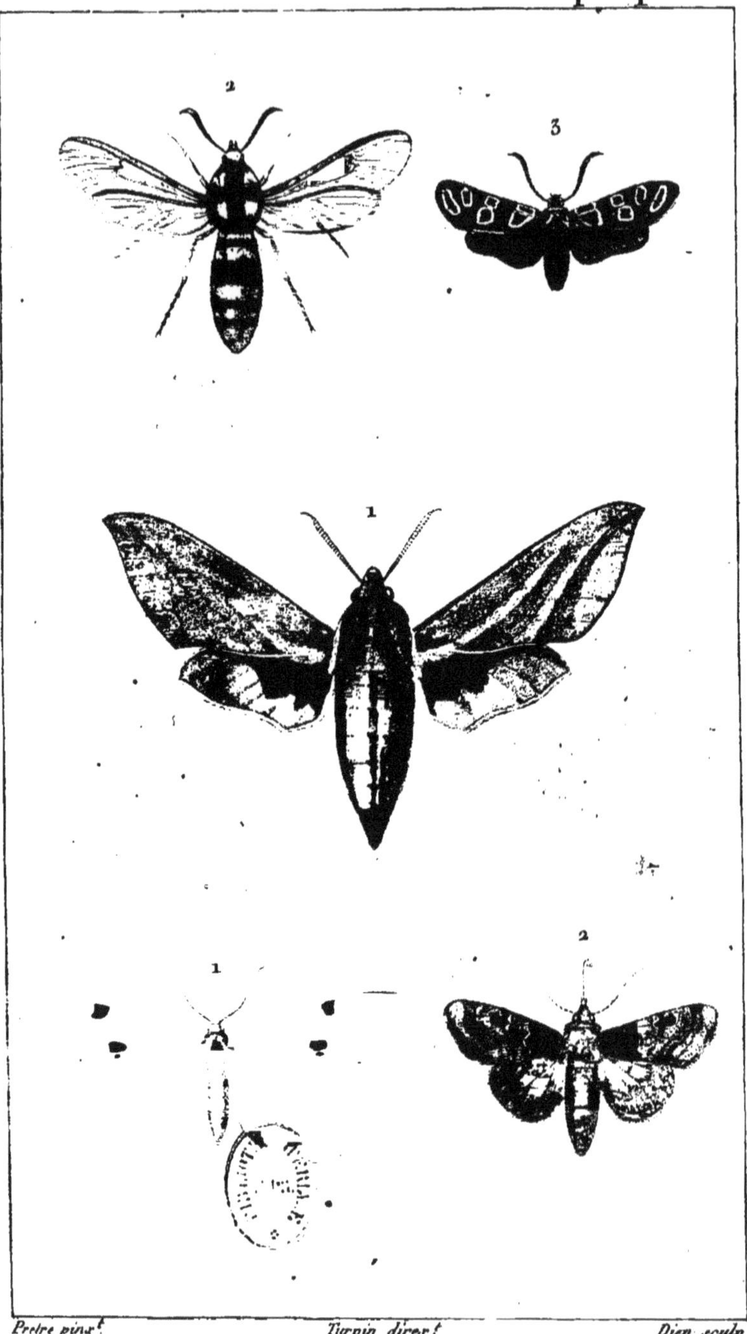

Pretre pinx.t Turpin direx.t Dien sculp

CLOSTÉROCÈRES.
1. Sphinx *de la vigne.*
2. Sesie *freloniforme.*
3. Zigène *de l'esparcette.*

CHÉTOCÈRES.
1. Lithosie *quadrille.*
2. Noctuelle *du pied d'alouette.*

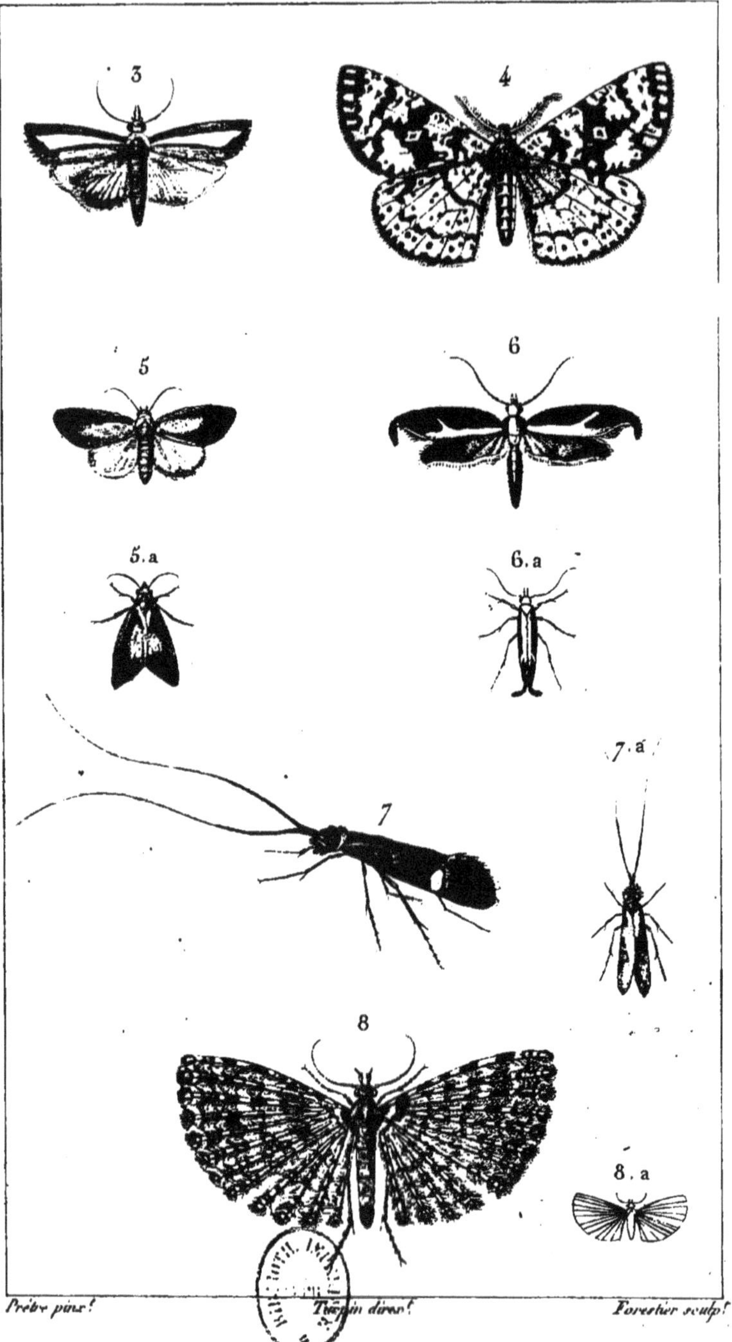

Prêtre pinx[t] Turpin direx[t] Forestier sculp[t]

CHÉTOCÈRES.
3. Crambe *des prés.*
4. Phalène *plumistère*
5. Pyrale *chlorane.* (5 a. *Grand. nat.*)
6. Teigne *harpelle* (6 a *Idem*)
7. Alucite *latreille* (7 a *Idem*)
8. Ptérophore *en éventail* (8 a *Id.*)

ZOOLOGIE.

ENTOMOLOGIE. Lépidoptères.

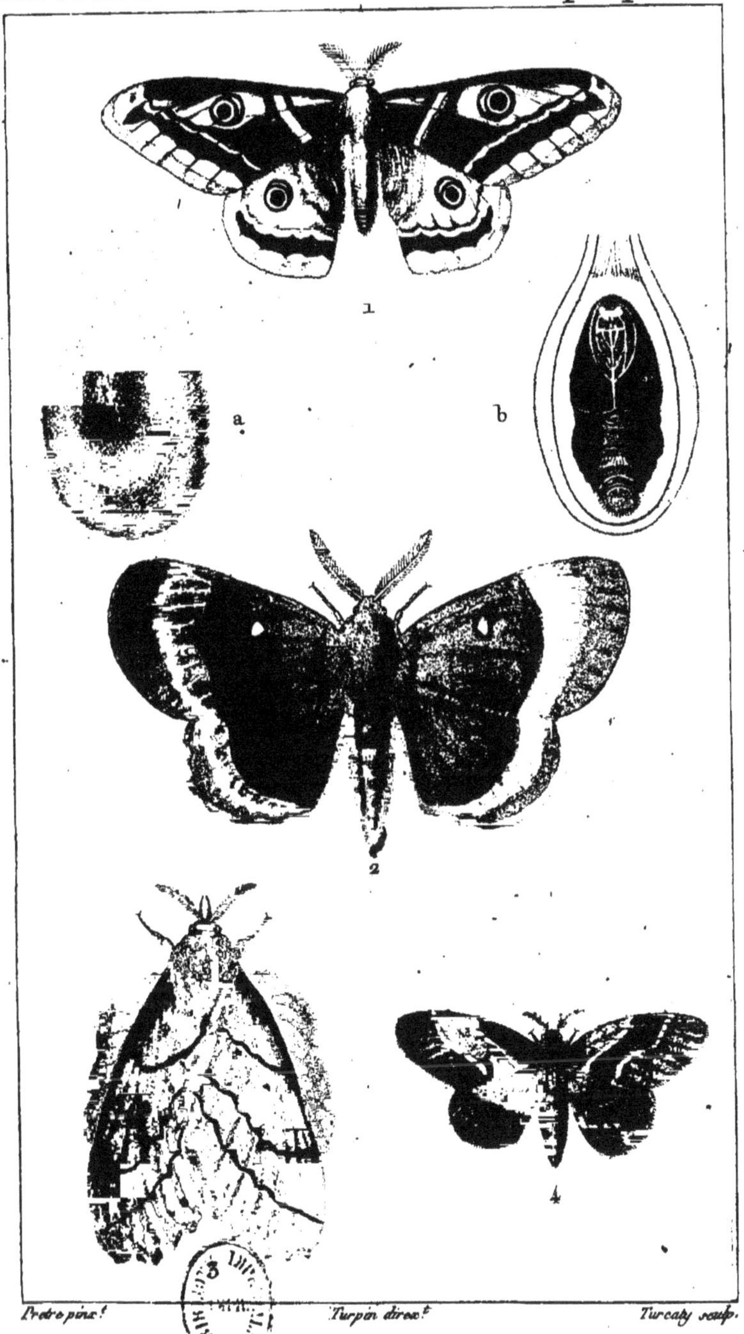

Pretre pinx.t Turpin direx.t Turcaty sculp.

NÉMOCÉRES.

1. Bombyce *petit paon (mâle)*
a. *Son cocon* . b. *la chrysalide dans le cocon ouvert.*
2. Bombyce *du trèfle ou minime à bandes (mâle)*
3. Bombyce *feuille de chêne ou feuille morte (mâle)*
4. Bombyce *de neustrie ou livrée (mâle)*

ZOOLOGIE.

ENTOMOLOGIE. Lépidoptères.

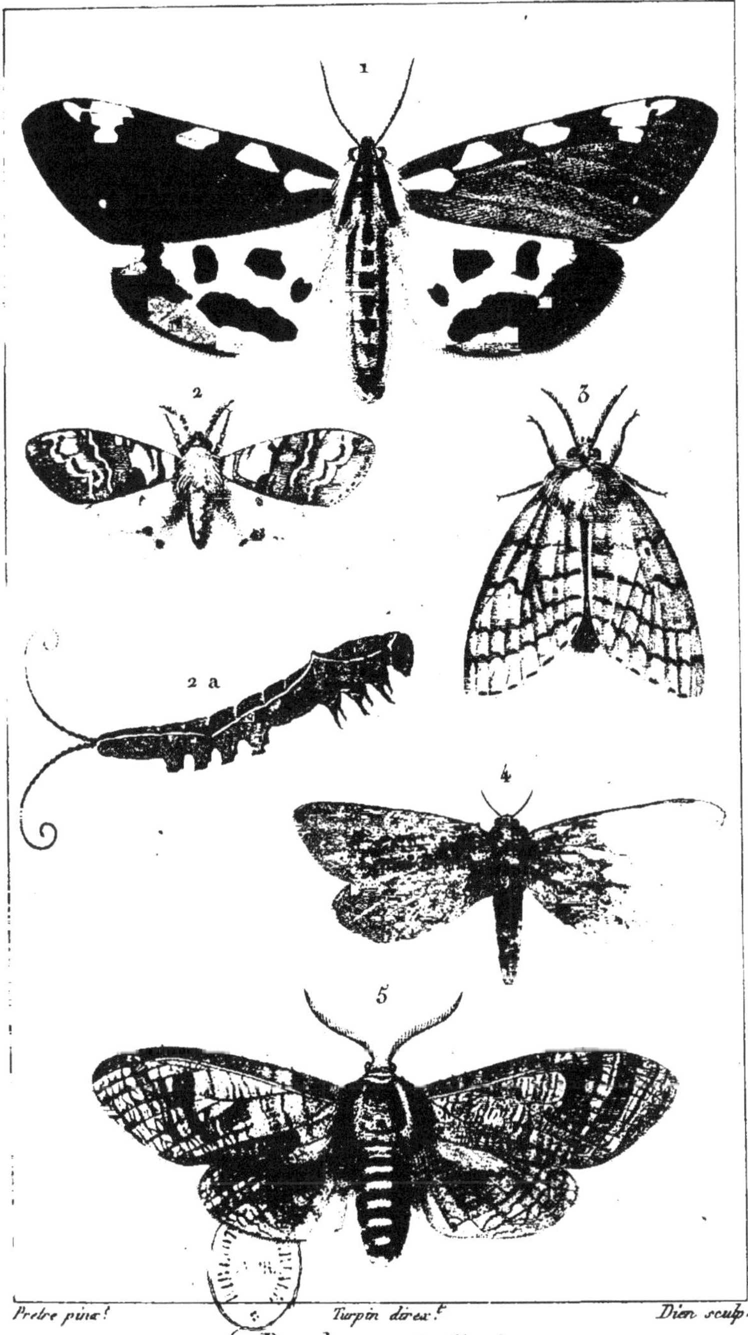

Prêtre pinx. *Turpin direx.t* *Dien sculp.*

NÉMOCÉRES.

1. Bombyce *écaille brune.*
2. Bombyce *petite queue fourchue.*
2 a Chenille *de la queue fourchue. (petite)*
3. Bombyce *disparate (femelle)*
4. Hépiale *du houblon.*
5. Cossus *ligniperde.*

ZOOLOGIE.

ENTOMOLOGIE. Diptères.

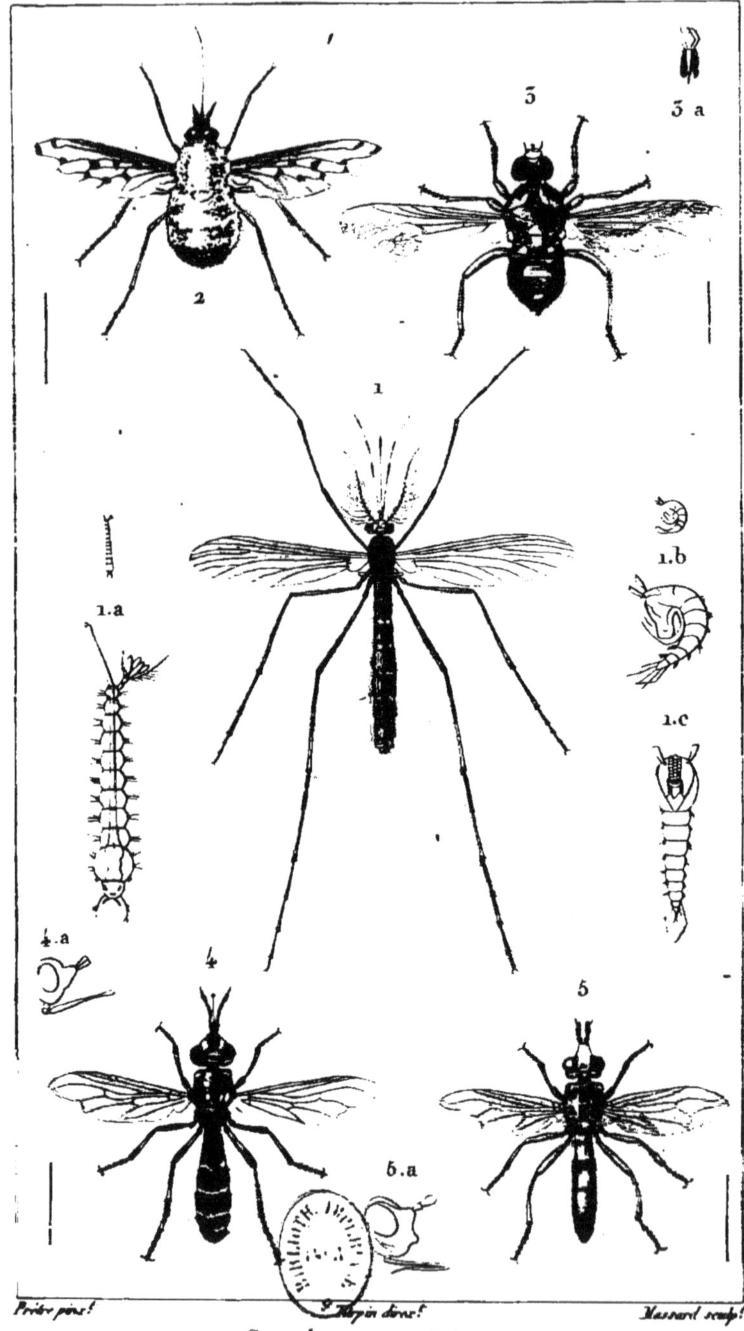

Prêtre pinx. *Massard sculp.*

SCLÉROSTOMES.

1. Cousin *commun. (mâle gross. du double.) 1.a Larve de grand.r nat.le et grossie. 1.b. Nymphe de même. 1.c. la même étendue.*
2. Bombyle *peint.*
3. Hippobosque *du cheval.* 3.a. *sa bouche.*
4. Conops *pattes-jaunes.* 4.a. *sa bouche de profil.*
5. Myope *noire.* 5.a. *sa bouche de profil.*

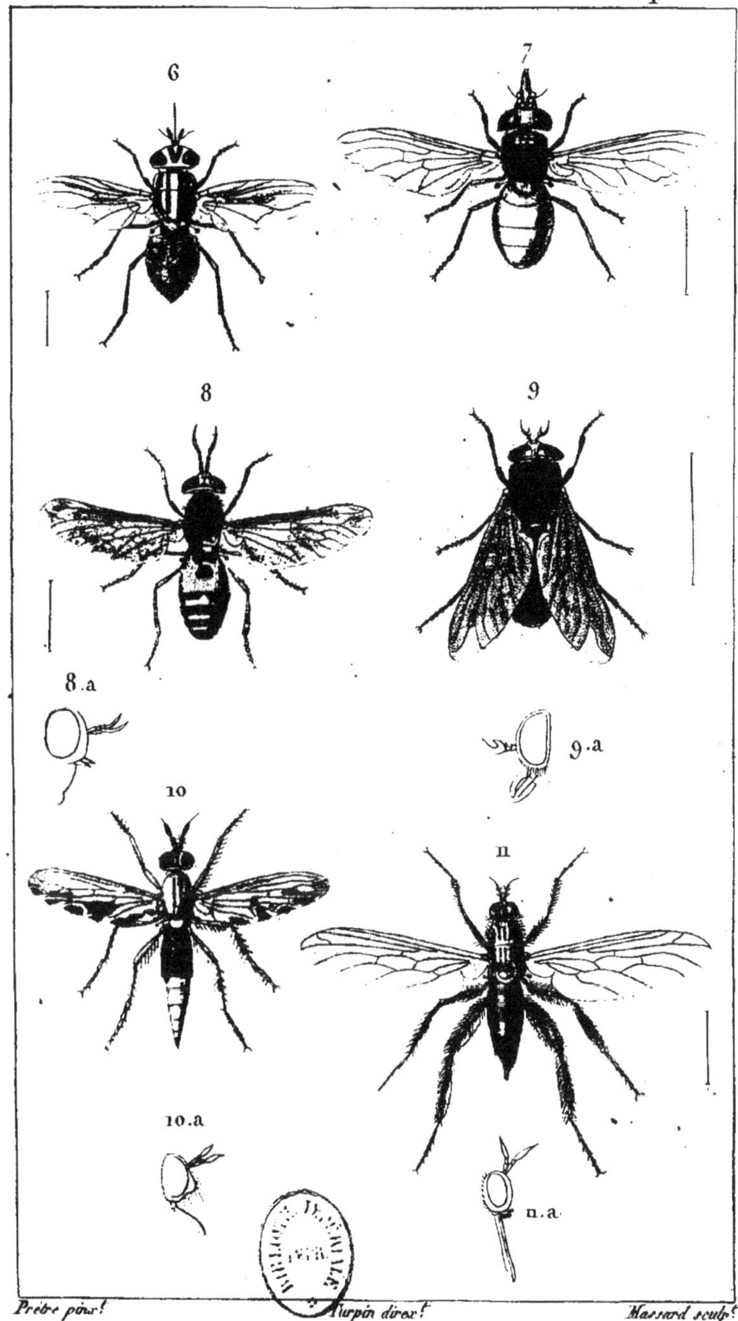

Prêtre pinx.t *Turpin direx.t* *Massard sculp.t*

SCLÉROSTOMES.
6. Stomoxe *gris.*
7. Rhingie *à bec.*
8. Chrysopside *aveuglant.* 8.a. *tête de profil.*
9. Taon *nègre.* 9.a. *tête de profil.*
10. Asile *crabroniforme.* 10.a. *tête de profil.*
11. Empide *pattes-velues.* 11.a. *tête de profil.*

ZOOLOGIE.

ENTOMOLOGIE. Diptères.

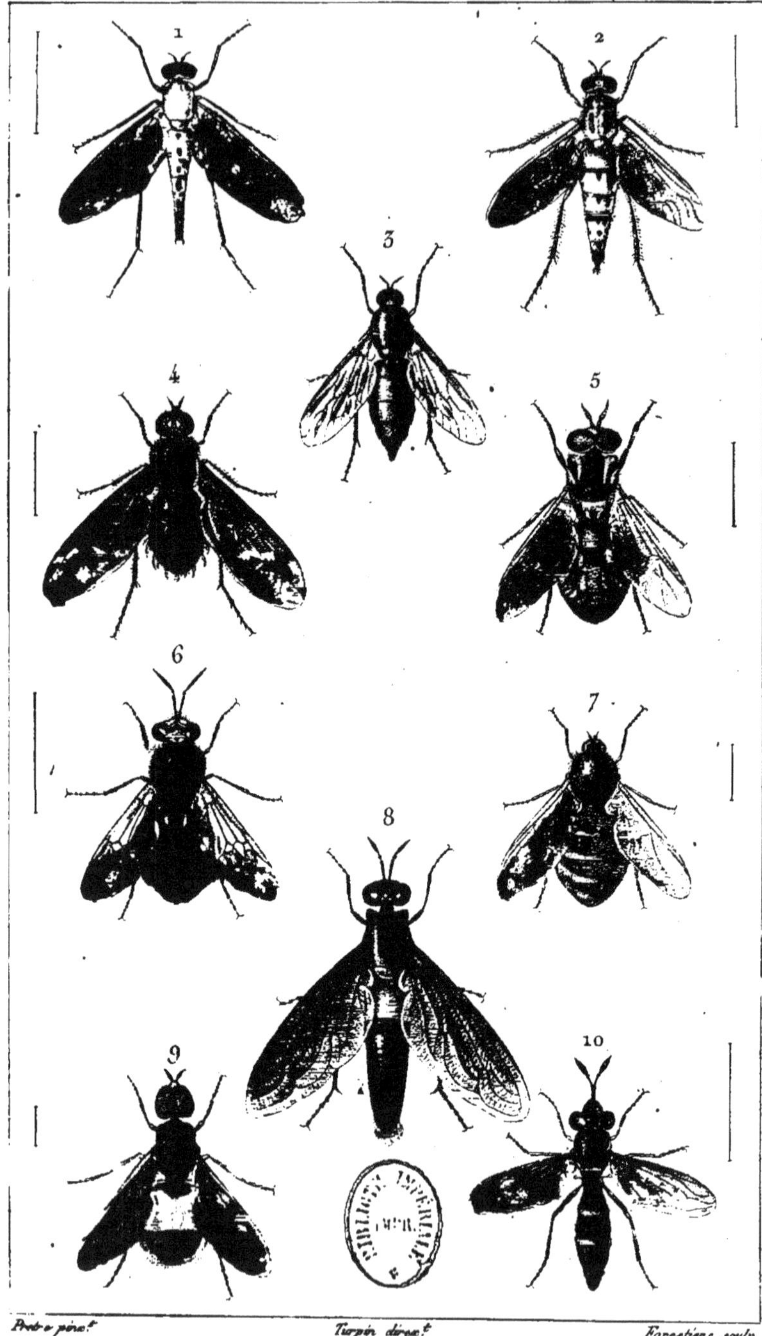

Prêtre pinx.t Turpin direx.t Forestiers sculp

APLOCÈRES.

1 Rhagion *bécasse*.
2 Bibion *plébéien*.
3 Sique *ferrugineux*.
4 Anthrax *morio*.
5 Hypoléon *3-lignes*.
6 Stratyome *caméléon*.
7 Cyrte *acéphale*.
8 Mydas *en fil*.
9 Némotèle *uligineux*.
10 Cérie *clavicorne*.

ZOOLOGIE.

ENTOMOLOGIE. Diptères.

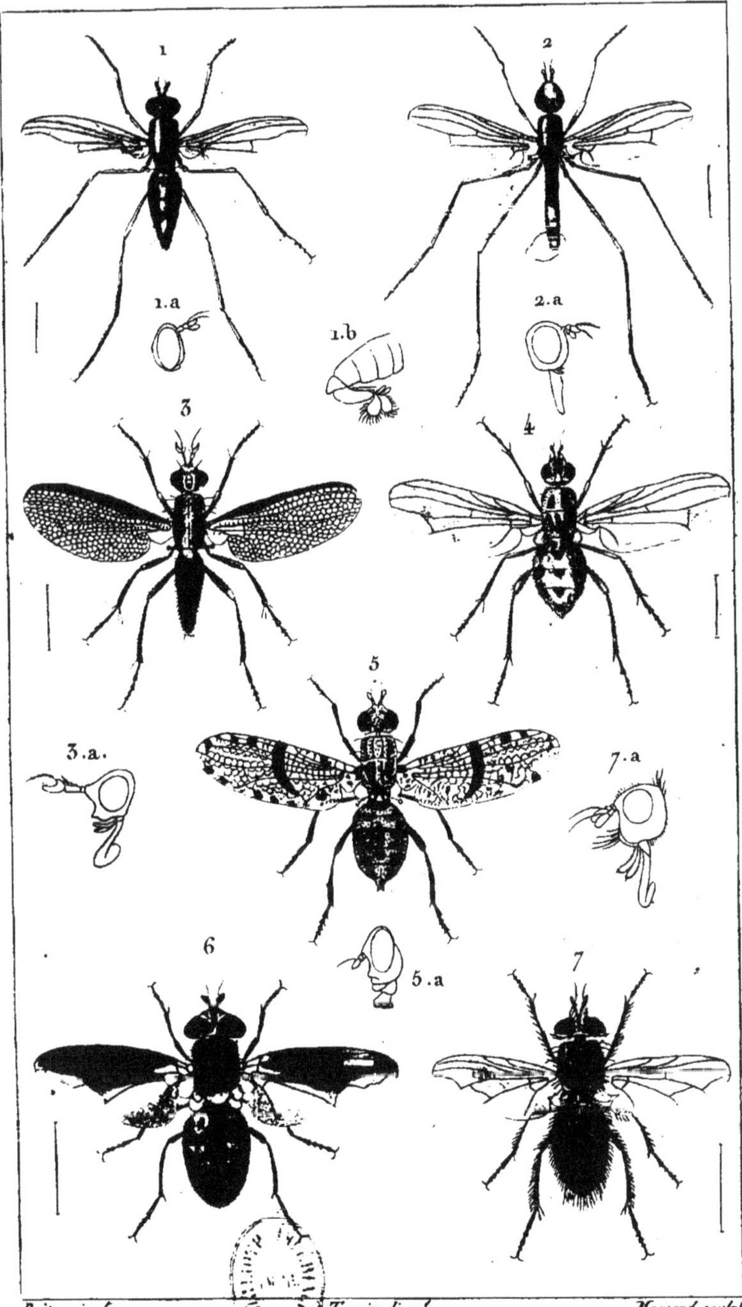

Prêtre pinx.t *Turpin direx.t* *Massard sculp.t*

CHÉTOLOXES.
1. Doliéhope *à onglet*. 1.a. *tête de profil*. 1.b. *abdomen de profil*.
2. Ceyx *ou* Calobate *pétronille*. 2.a. *tête de profil*.
3. Tétanocère *réticulé*. 3.a. *tête de profil*.
4. Cérochéte *ponctué*.
5. Cosmie *maillée*. 5.a. *tête de profil*.
6. Thérève *crassipenne*.
7. Echinomye *grosse*. 7.a. *tête de profil*.

ZOOLOGIE.

ENTOMOLOGIE. Diptères.

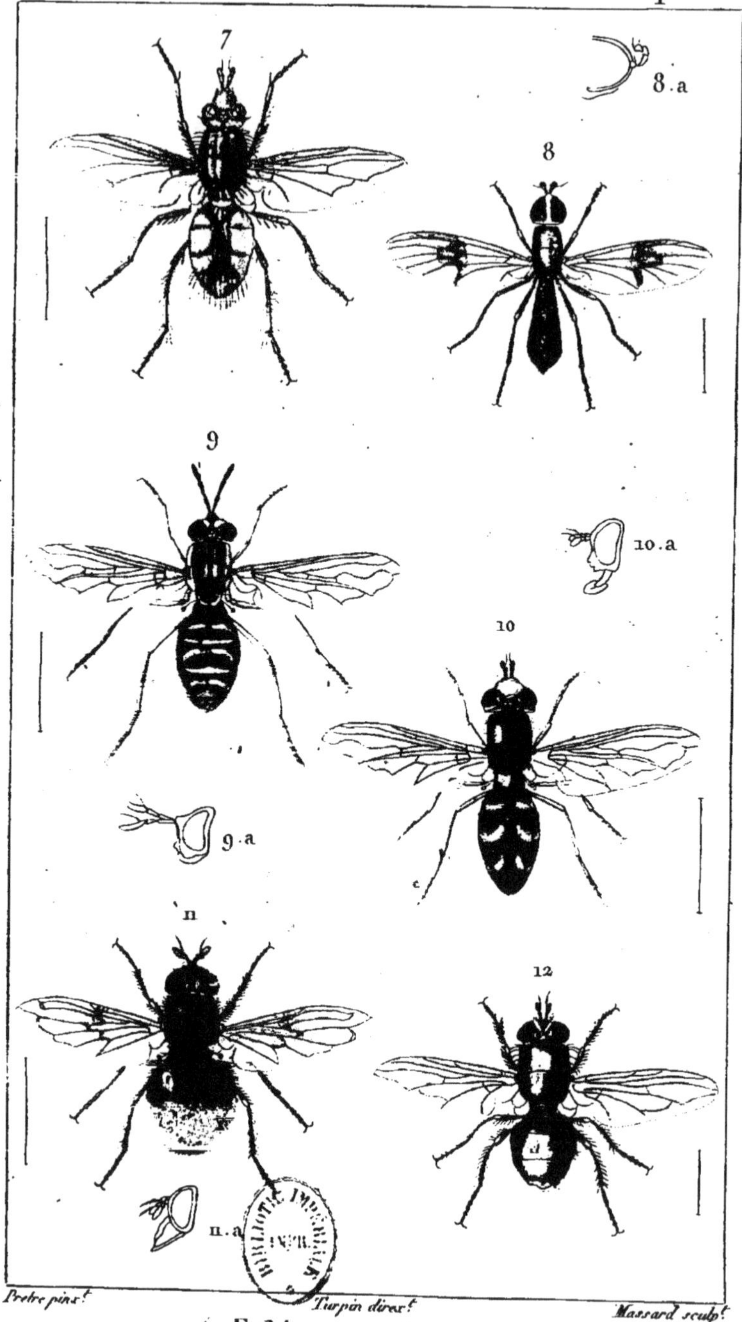

Pretre pinx.t Turpin direx.t Massard sculp.t

CHÉTOLOXES.

7. Echinomye *féroce*.
8. Sarge *cuivreux*. 8.a. *tête de profil*.
9. Mulion *arqué*. 9.a. *tête de profil*.
10. Syrphe *du poirier*. 10.a. *tête de profil*.
11. Cénogastre *à moustaches*. 11.a. *tête de profil*.
12. Mouche *domestique*.

ZOOLOGIE.

ENTOMOLOGIE. Diptères.

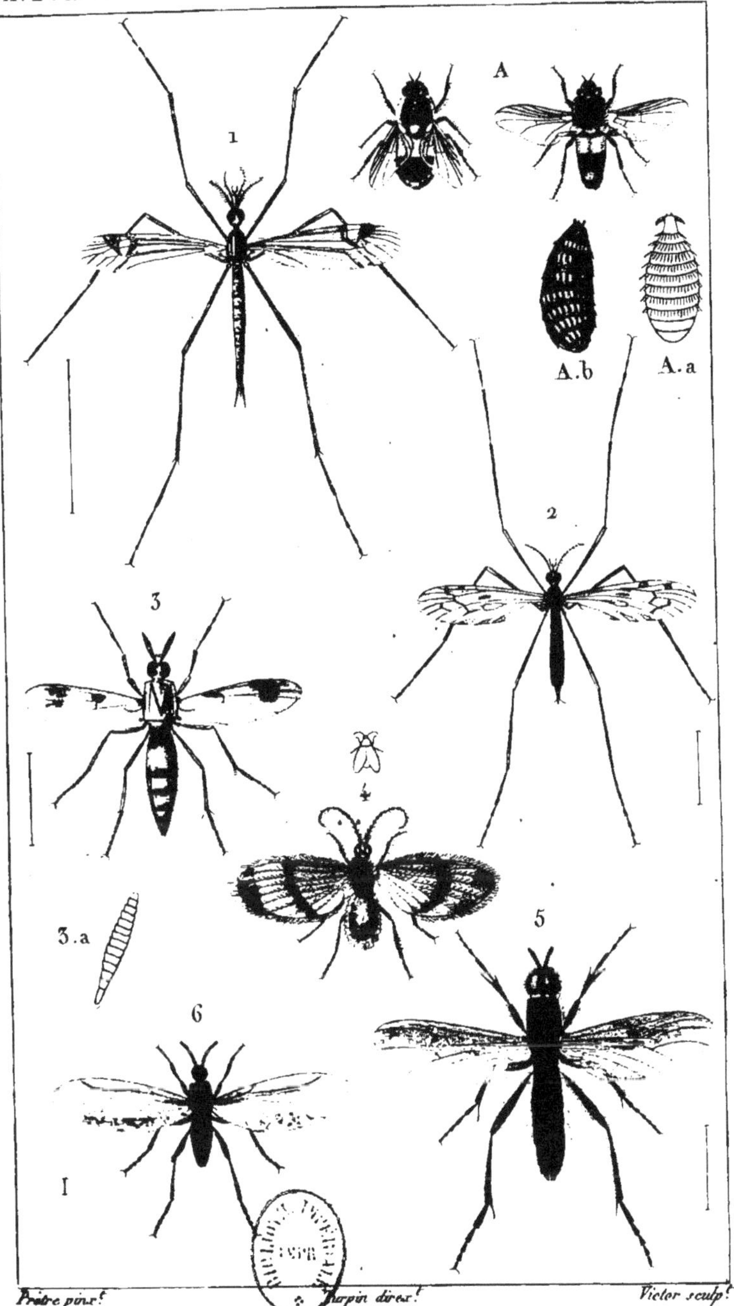

Prêtre pinx.t *Turpin direx.t* *Victor sculp.t*

ASTOMES. A. Oestre *salutaire*. A.a. *la larve*. A.b. *la nymphe*.

HYDROMYES.
- 1. Tipule *à croissant*.
- 2. Limonie *triponctuée*.
- 3. Cératoplate *tipuloïde*. 3.a. *antènne grossie*.
- 4. Psychode *velue*.
- 5. Hirtée *de pomone*. 6. Scatopse *ailes-blanches*.

Prêtre pinx.t *Turpin direx.t* *Dien sculp.t*

R RHINAPTÈRES.

1. Smaridie *des Moineaux. 1. a. Id. vue en dessous. 1. b. Grand. nat.le*
2. Lèpte *rouget. 2. a. Id. vue en dessous. 2. b. Grand. naturelle.*
3. *Bouton de gale, dépouillé de son épiderme, où l'on distingue le creux de la pustule.* 4. Sarcopte *ou Siron de la gale, grossi de 250 fois.* 5 *et* 6. *Le même vu de côté et en dessous.* 7. *Id. non adulte, n'ayant que 6 pattes.* 8. *Corpuscules que M.r Galès présume être des Œufs,*

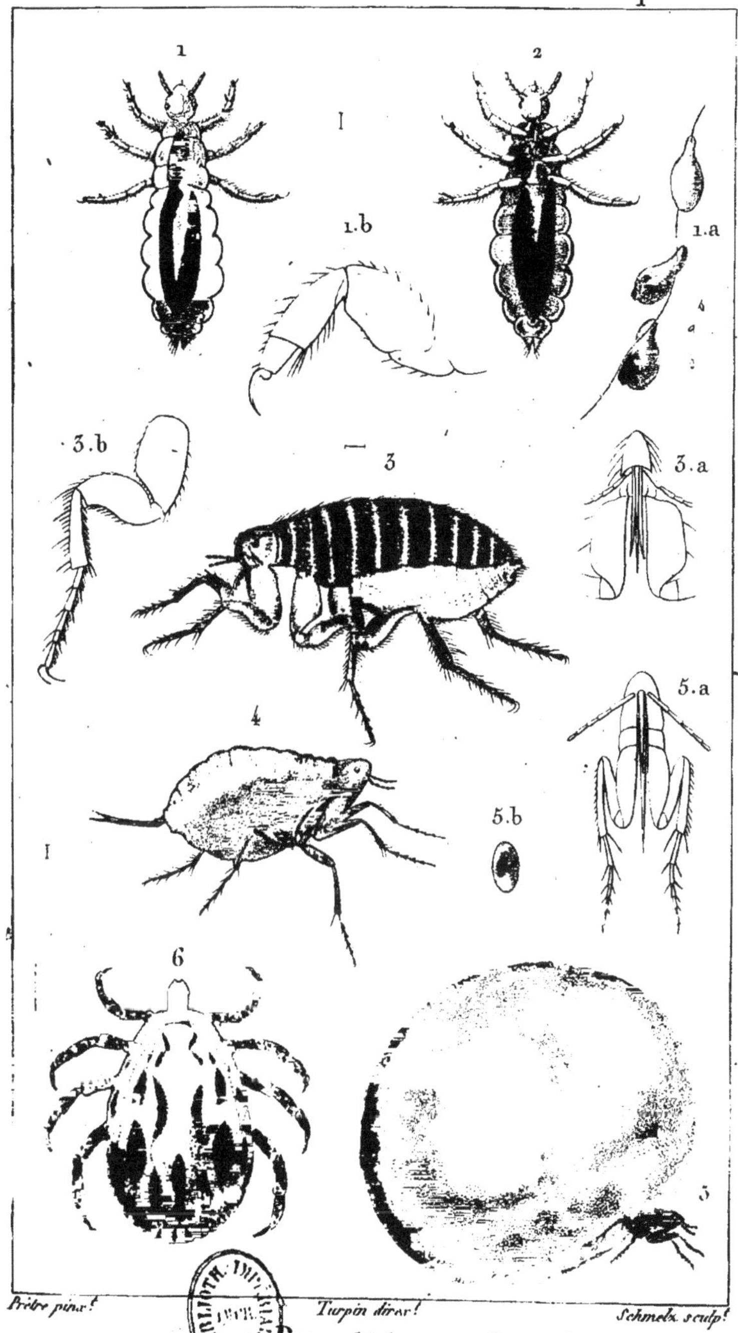

Prêtre pinx.t *Turpin direx.t* *Schmelz sculp.t*

RHINAPTÈRES.
- 1 et 2 Pou *de tête.* 1.a. *Œufs ou lentes.* 1.b *Patte antér.e*
- 3 Puce *irritante.* 3.a. *Tête de face gross.* 3.b. *Patte antér.e*
- 4. Puce *chique (mâle.)*
- 5. *La femelle dont le ventre est dilaté par les œufs.*
- 5.a. *Tête de face grossie.* 5.b. *Œuf grossi.*
- 6. Tique *variée.*

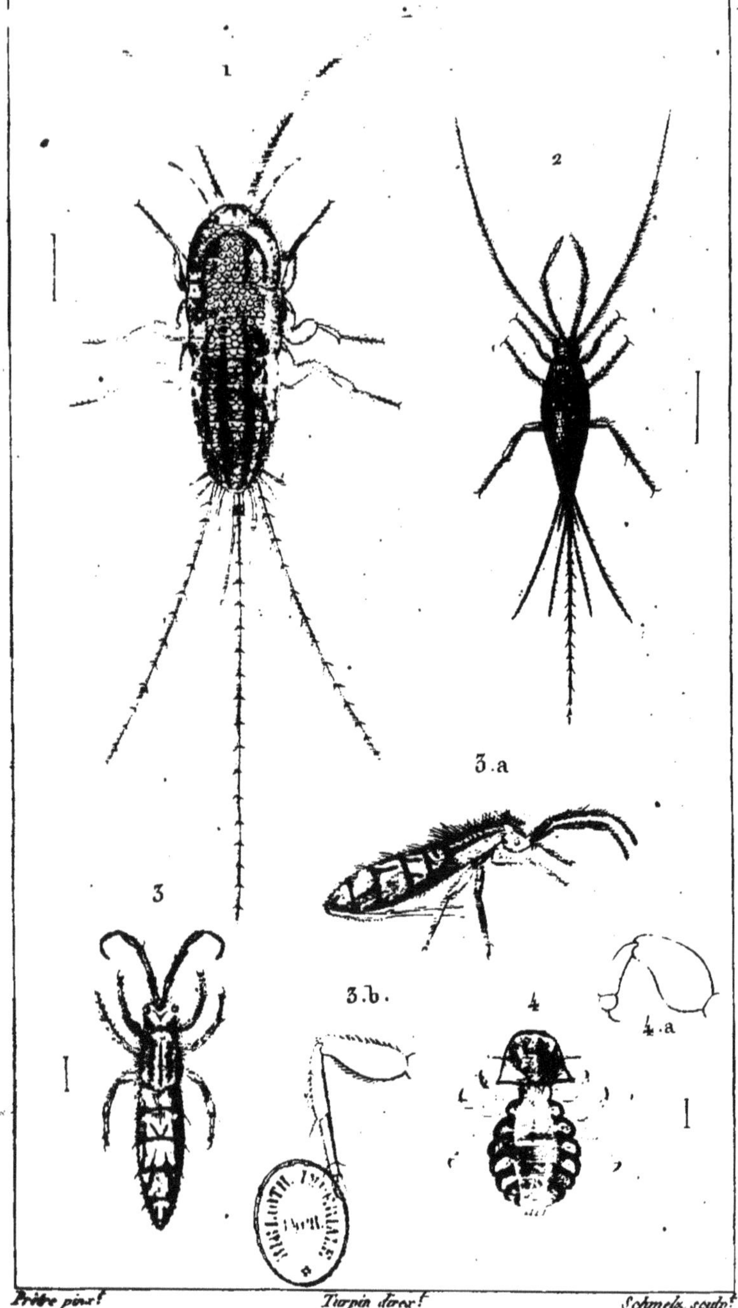

Prêtre pinx. *Turpin direx.* *Schmelz sculp.*

NÉMATOURES.
1. Forbicine *rayée*.
2. Machile *polypode*.
3. Podure *velue*.
3.a *La même vue de profil*. 3.b *Patte grossie*.

ORNITHOMYZES. 4. Ricin *du paon*. 4.a *Patte grossie*.

ZOOLOGIE.

ENTOMOLOGIE. Aptères.

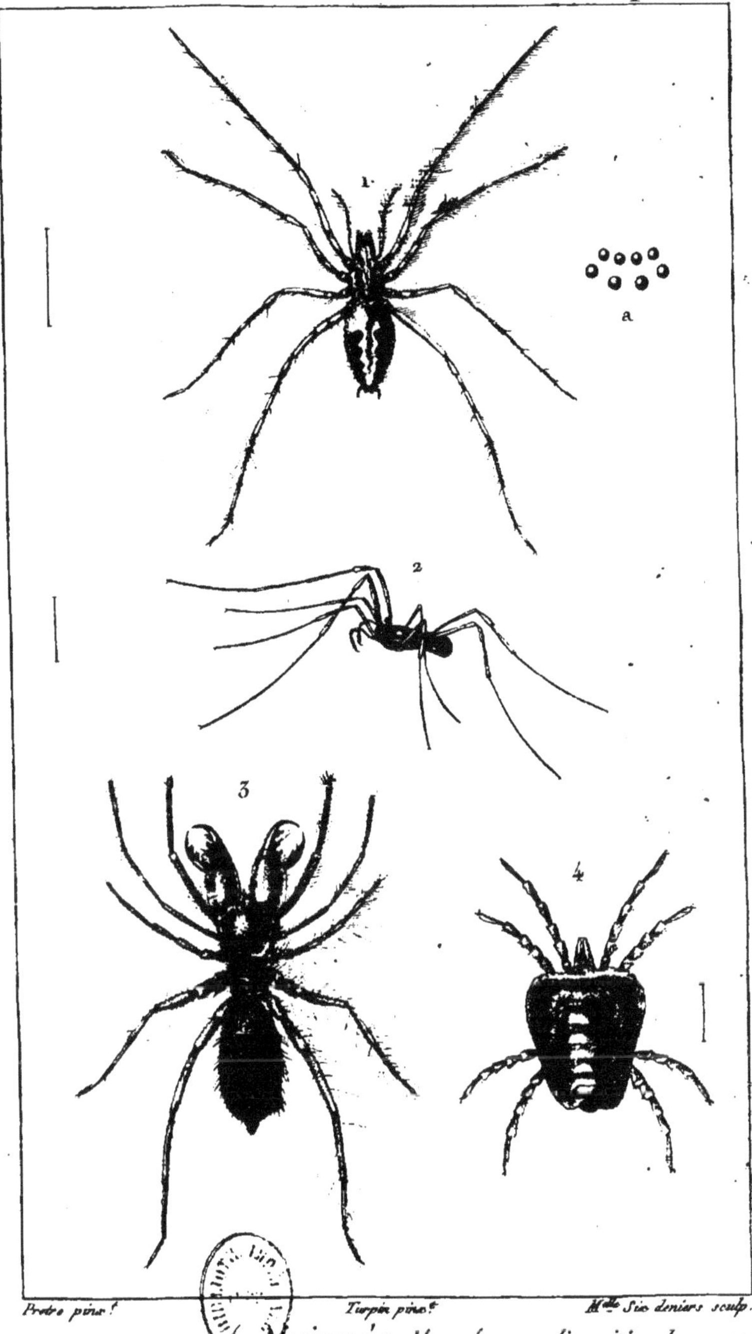

Pretre pinx.t *Turpin pinx.t* *M.lle Ste deniers sculp.*

ARANÉIDES.

1 Araignée *découpée*. a. *disposition de ses yeux.*
2 Faucheur *des murailles.*
3 Galéode *aranéoïde.*
4 Trombidie *des teinturiers.*

ZOOLOGIE.

ENTOMOLOGIE. Aptères.

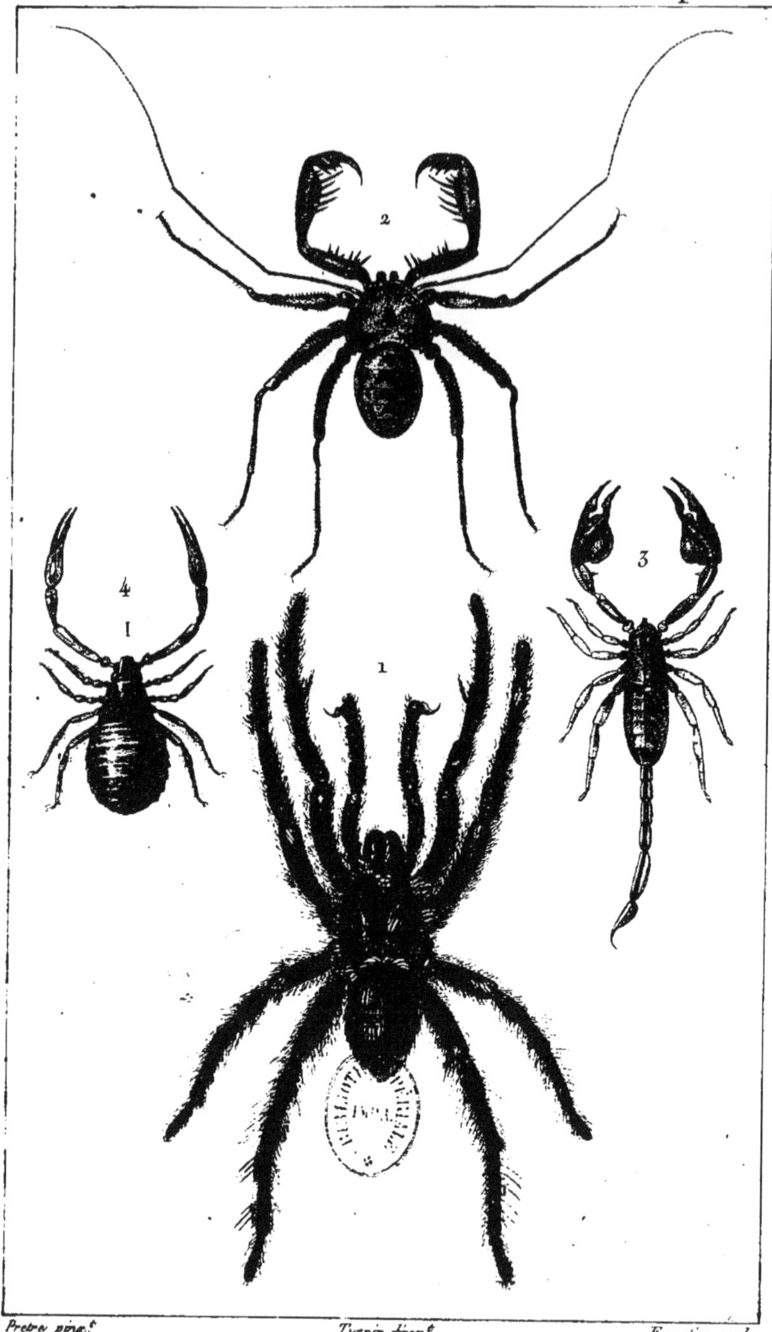

Pretre pinx.t *Turpin direx.t* *Forestier sculp.*

ARANÉIDES.

1 Mygale *aviculaire.*
2 Phryne *réniforme.*
3 Scorpion *roussâtre.*
4 Pince *cancroïde.*

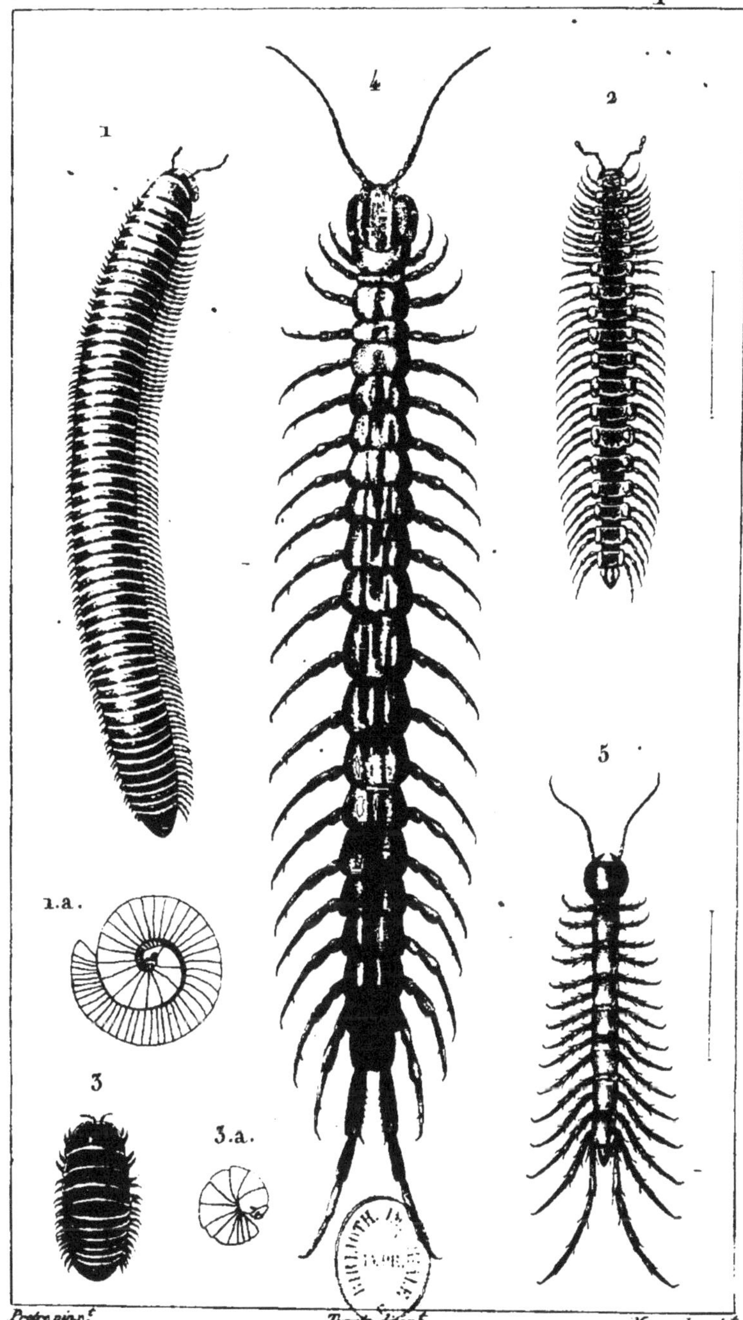

Pretre pinx.t Turpin direx.t Massard sculp.t

MYRIAPODES.
1. Iule *des sables.* 1. a. *Vu de côté et roulé en spirale.*
2. Polydesme *applati.*
3. Gloméride *bordé.* 3. a. *Vu de côté et se roulant en boule.*
4. Scolopendre *mordante.*
5. Lithobie *à tenailles.*

ZOOLOGIE.

ENTOMOLOGIE. Aptères.

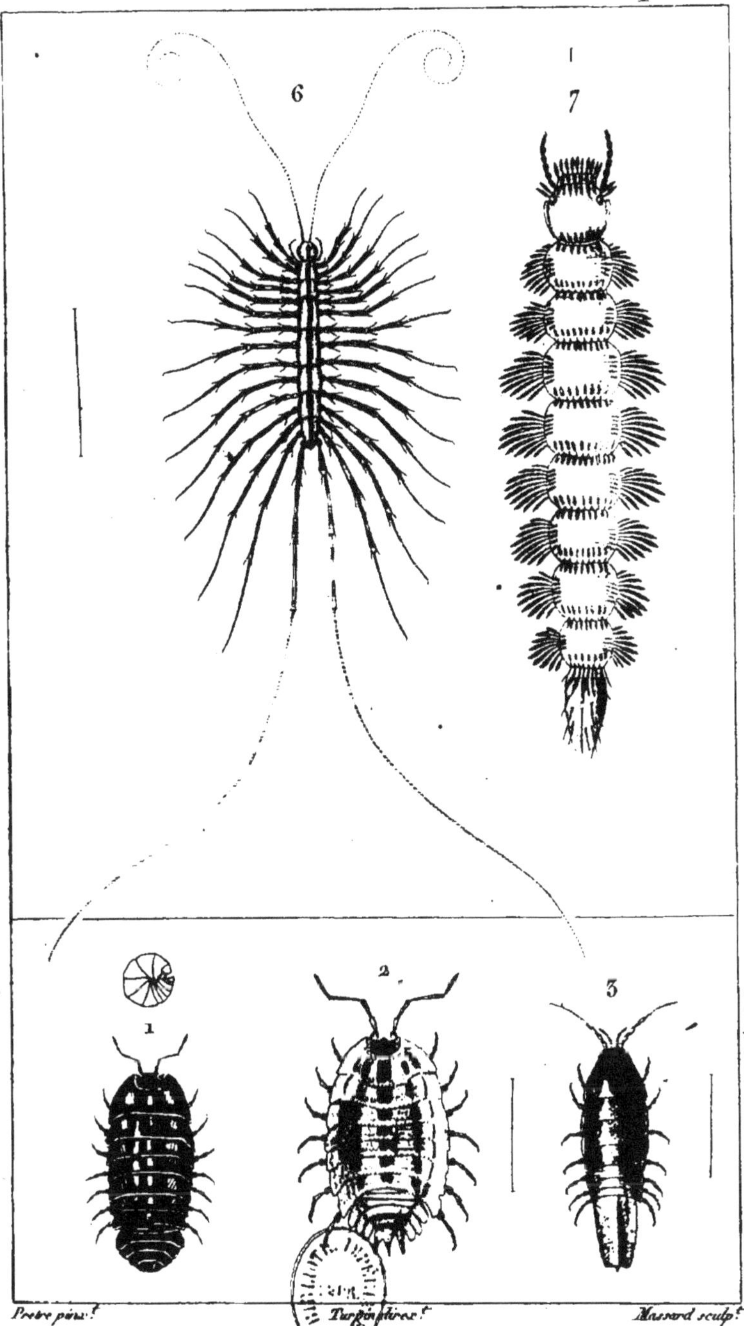

Pretre pinx.t *Turpin direx.t* *Massard sculp.t*

MYRIAPODES. { 6. Scutigère *aranéoïde.*
7. Polyxène *lagure.*

POLYGNATHES. { 1. Armadille *à pustules.*
2. Cloporte *petit-âne.*
3. Physode *marin.*

ZOOLOGIE.

ENTOMOLOGIE. Ordres.

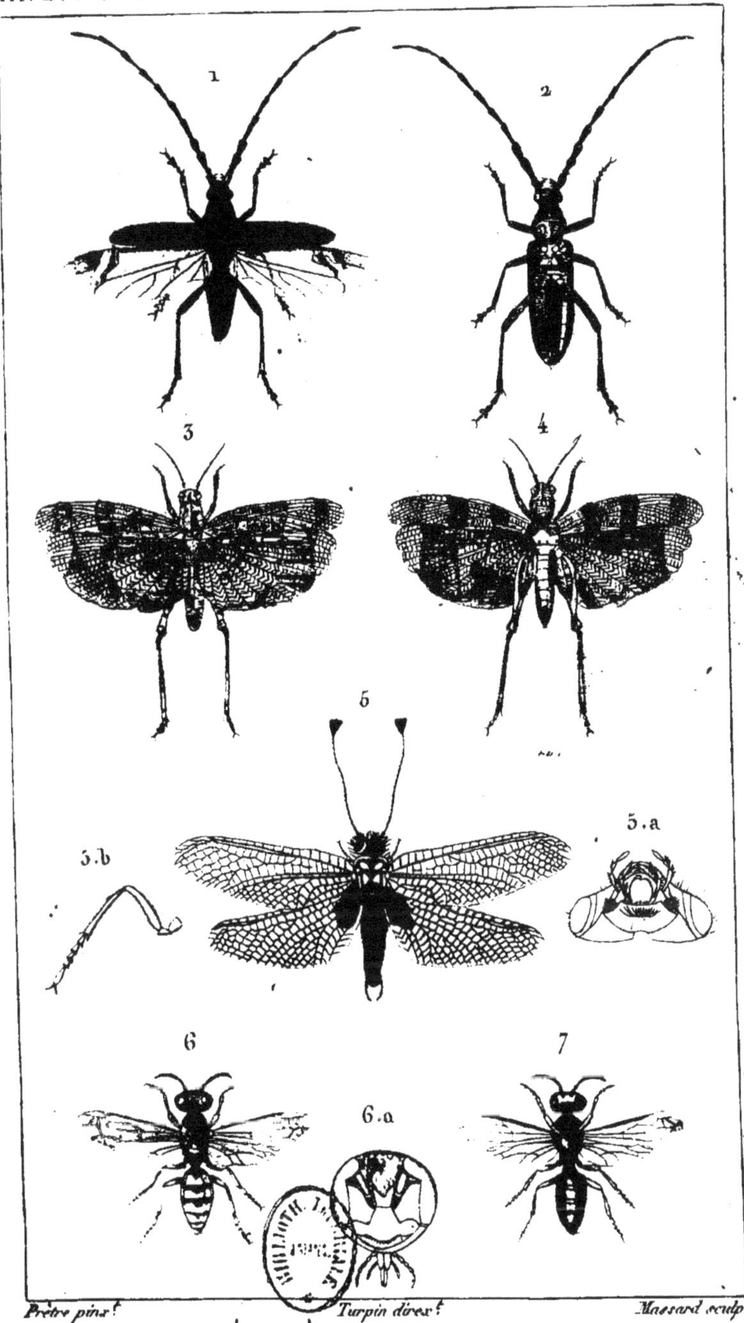

Prêtre pinx.t *Turpin direx.t* *Massard sculp.t*

1 et 2. 1.er *Ordre*. COLÉOPTÈRES. Capricorne *charpentier*.

3 et 4. II......... ORTHOPTÈRES. Sauterelle *ailes-bleues*.

5. III......... NEVROPTÈRES. Ascalaphe *de Barbarie*.

5. a *La tête dépouillée de poils*. 5. b. *La patte grossie*.

6 et 7. VI......... HYMÉNOPTÈRES. Philanthe *triangle*. 6. a *Tête grossie vue en dessus. (La plupart de ces insectes sont vus dessus et dessous)*

ZOOLOGIE.

ENTOMOLOGIE. Ordres.

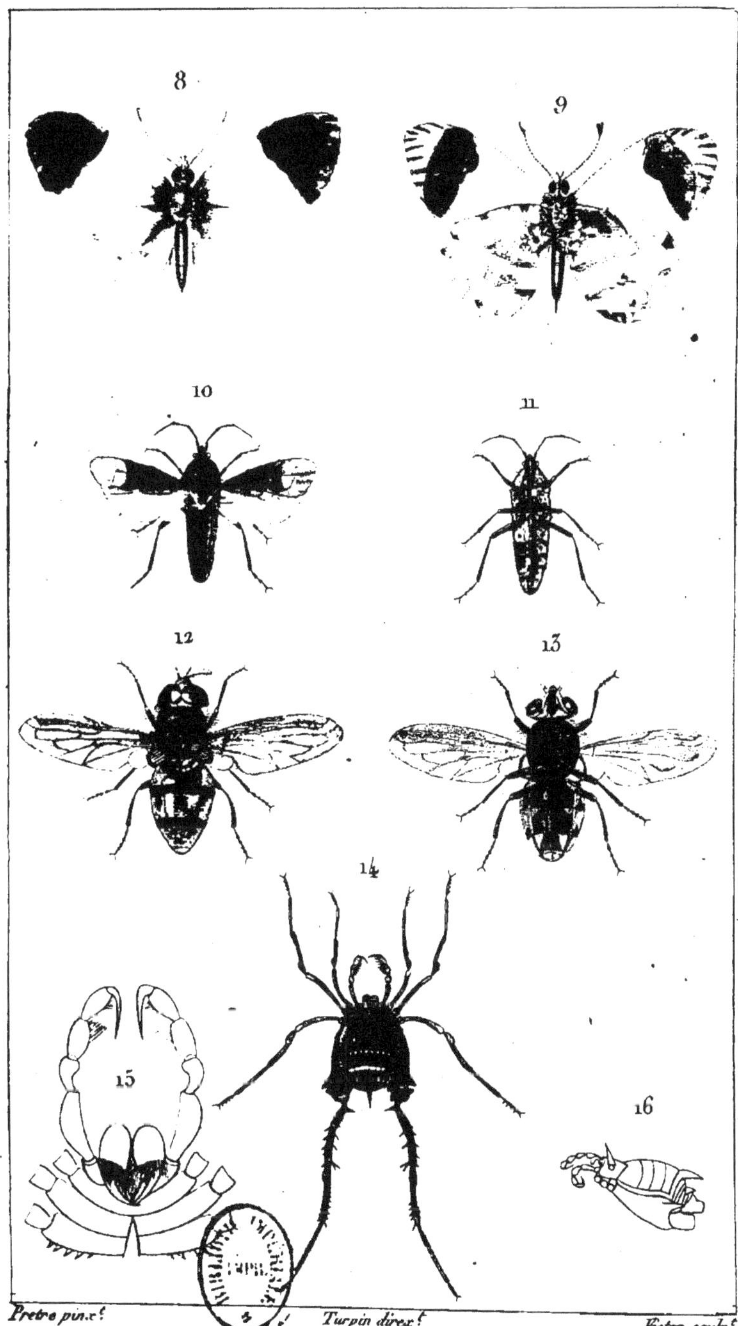

Pretre pinx.t *Turpin direx.t* *Victor sculp.t*

8 et 9. V.e *Ordre.* LÉPIDOPTÈRES. Papillon *aurore de Provence.*

10 et 11. VI. ..... HÉMIPTÈRES. Lygée *vermillon.*

12 et 13. VII. ..... DIPTÈRES. Cénogastre *vuide.*

14. VIII. ..... APTÈRES. Faucheur *acanthure.*

15 *Tête vue en dessous avec les palpes et les mandibules.* 16. *Corps vu de profil.*

CRUSTACÉS

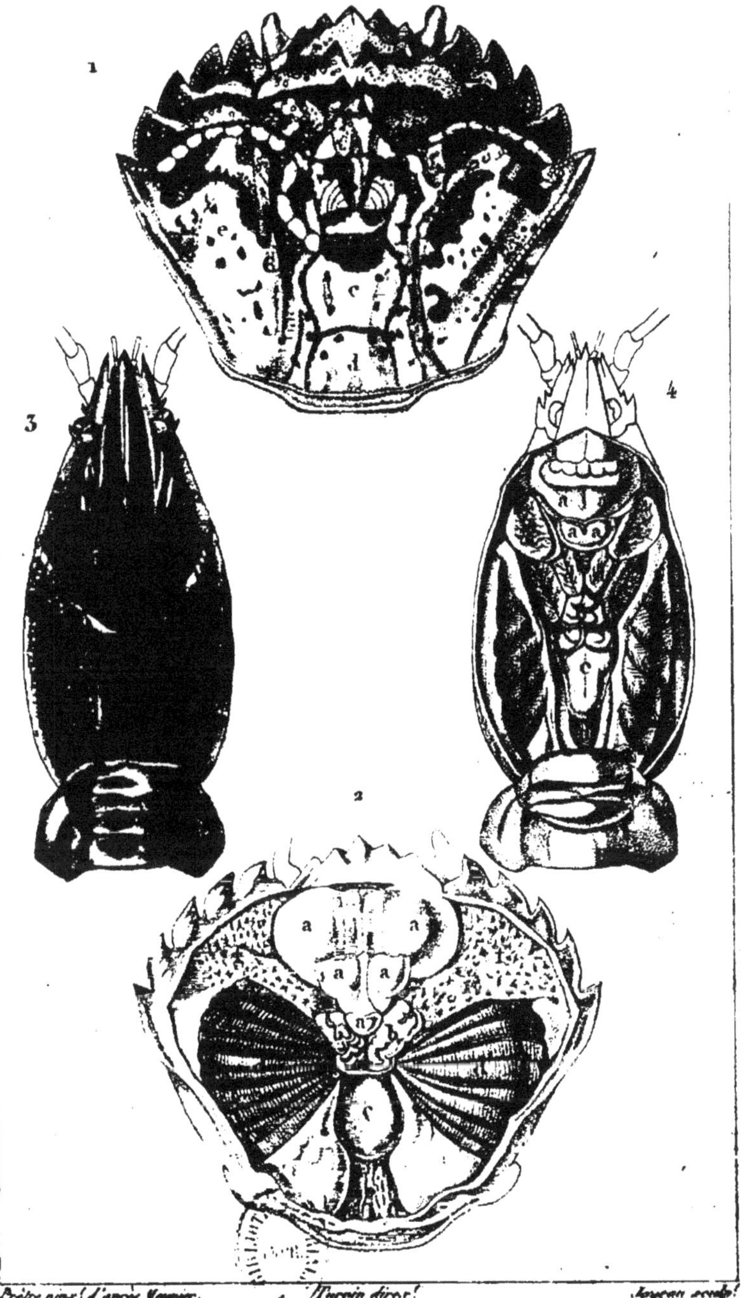

Prêtre pinx.t d'après Meunier. *Turpin direx.t* *Joyeau sculp.t*

DISPOSITION *des Viscères dans les Crustacés décapodes et indication des Régions du têt qui y correspondent.* 1. *Carapace du* **CARCIN** ménade. a,a. *Rég.on stomacale.* b. *Rég.on génitale.* c. *Rég.on Cordiale.* d. *Rég.on hépatique post.re* e,e. *Rég.ons branchiales.* f,f. *Rég.ons hépatiques ant.res* 2. **CARCIN** ménade *ouvert.* a,a,a,a,a. *Estomac.* b,b. *Organes génitaux.* c. *Cœur.* d,d. *Branchies.* e,f,f. *Foie.* 3. **ÉCREVISSE** fluviatile. a. *Rég.on stomacale.* b. *Reg.on génitale.* c. *Reg.on cordiale.* d. *Reg.on hépatique post.re* e,e. *Reg.ons branchiales.* 4. *La même ouverte.* a,a,a,a. *Estomac.* b. *Organes génitaux.* c. *Cœur.* d,d,d,d,d. *Foie.* e,e. *Branchies.* f,f. *Muscles des mandibules.*

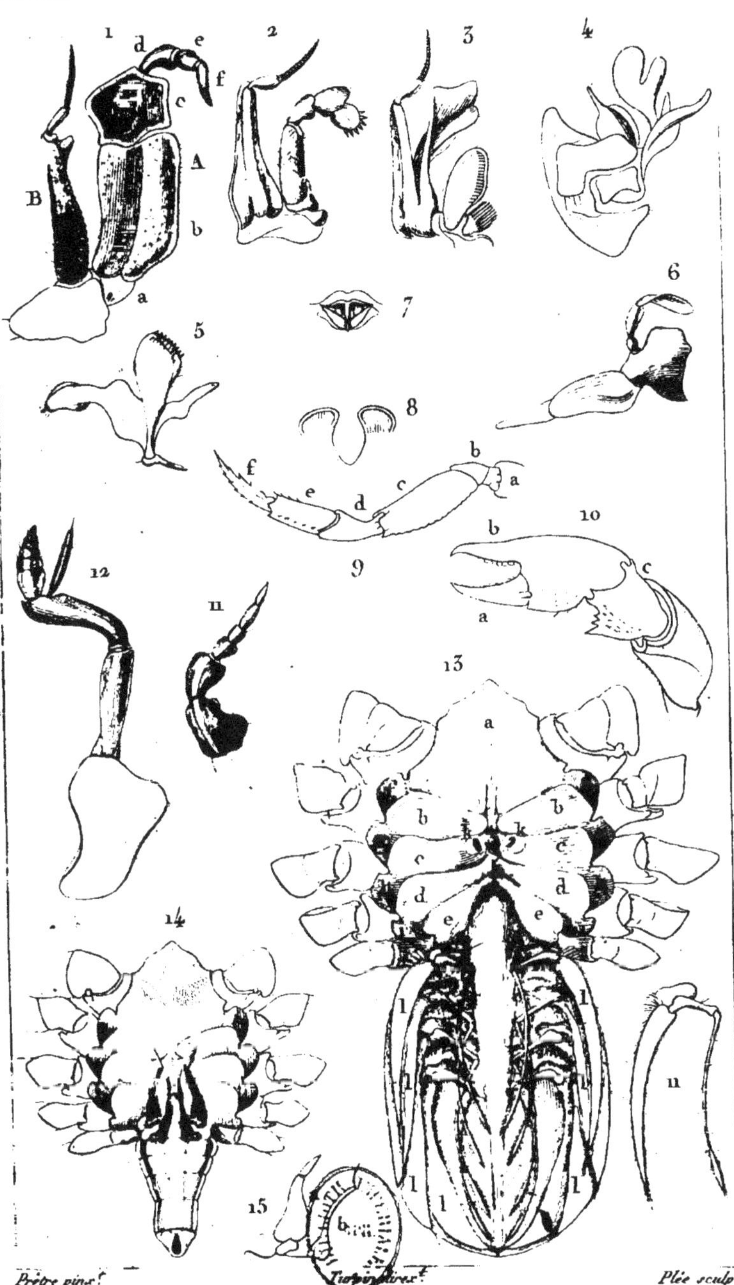

Prêtre pinx.t *Turpin direx.t* *Plée sculp.t*

THELPHUSE fluviatile, *détails. 1. Pied-machoire exter.r droit. A sa tige interne. a, b, c, d, e, f. Ses divers articles. B sa tige externe ou palpe flabelliforme. 2. Mach.re de la 4.e paire avec son palpe. 3. Id. de la 3.e paire avec son palpe. 4. Id. de la 2.e paire. 5. Id. de la 1.ere paire. 6. Mandibule avec son palpe. 7. Levre sup.re 8. Langue ou levre inf.re 9. Patte post.re a. Hanche. b. Trochanter. c. Cuisse. d. Jambe. e. Métatarse. f. Tarse ou ongle. 10. Serre. a. Doigt mobile. b. Main et doigt immobile. c. Carpe ou poignet. 11. Antenne ext.re droite. 12. Ant.re int.re id. 13. Femelle en dessous, la queue étendue. a, b, c, d, e Pieces sternales. f, g, h, i. Pieces latéro-ster.ales kk. Vulves. lll. &c.a Fausses pattes. n. Fau.sse patte isolée. 14. Plastron du mâle avec les organes génitaux. 15. a. l'une des verges. b. Fau.sse patte.*

ZOOLOGIE.

CRUSTACÉS. Malacostracés.

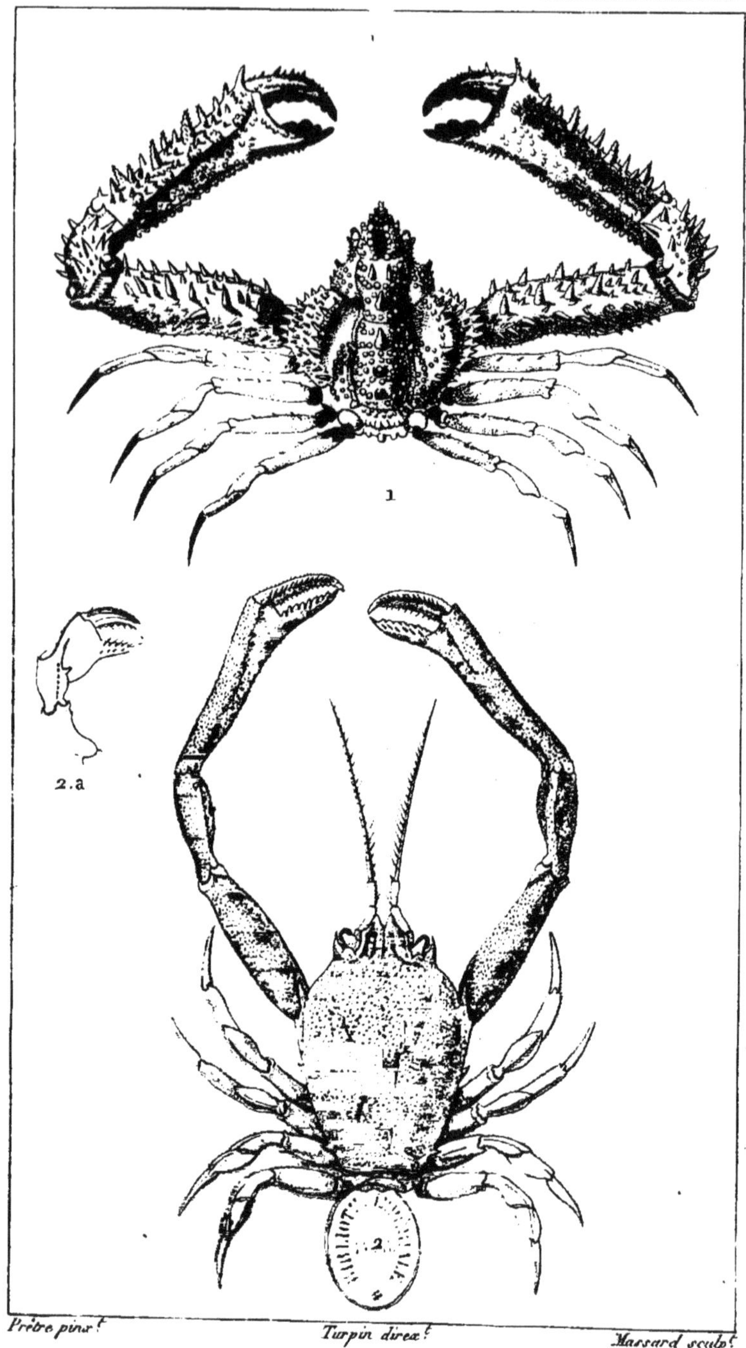

Prêtre pinx.t *Turpin direx.t* *Massard sculp.t*

DÉCAPODES Brachyures.
1. Lambre *spinimane*.
2. Coryste *denté*, *mâle*.
2.a. *Pince gauche de la femelle*.

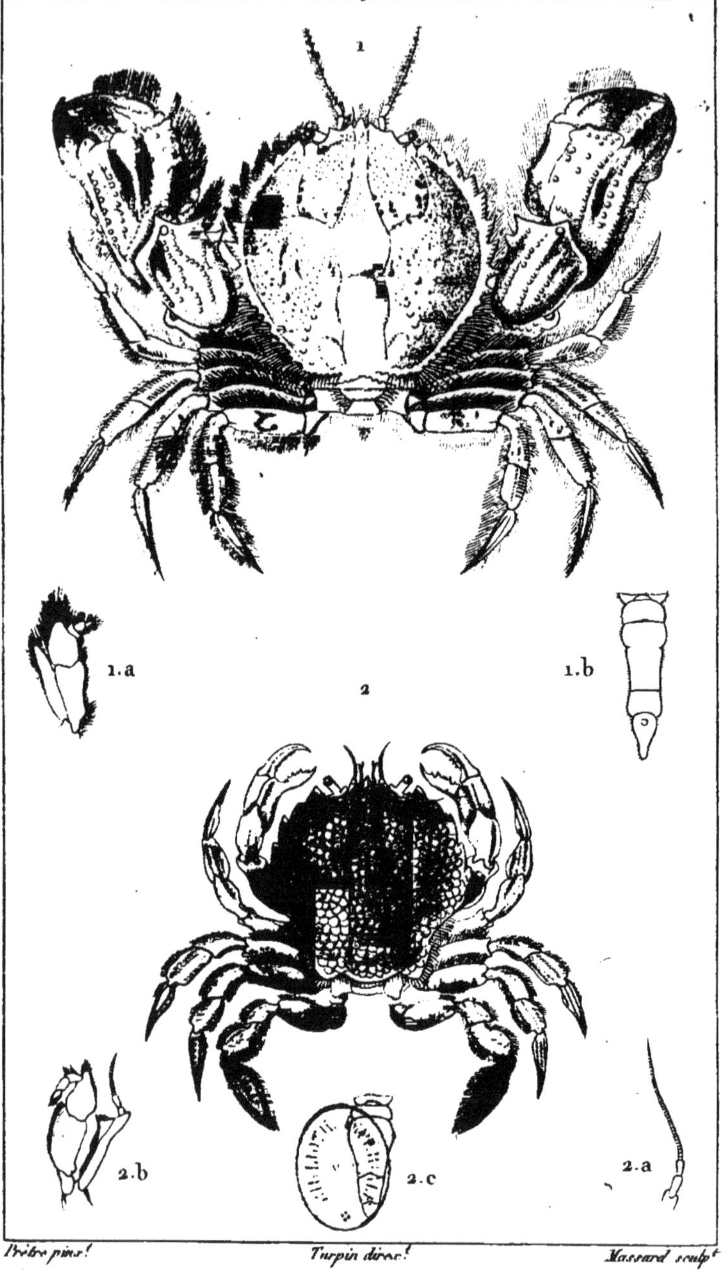

Prêtre pinx! Turpin direx! Massard sculp^t

DÉCAPODES, Brachyures.

1. Atélécycle à Sept dents. (mâle.)
1.a. Pied-machoire extérieur. 1.b. Queue ou abdomen.
2. Portumne varié. (mâle.) 2.a. Antenne externe.
2.b. Pied-machoire extérieur. 2.c. Queue ou abdomen.

ZOOLOGIE.

CRUSTACÉS. Malacostracés.

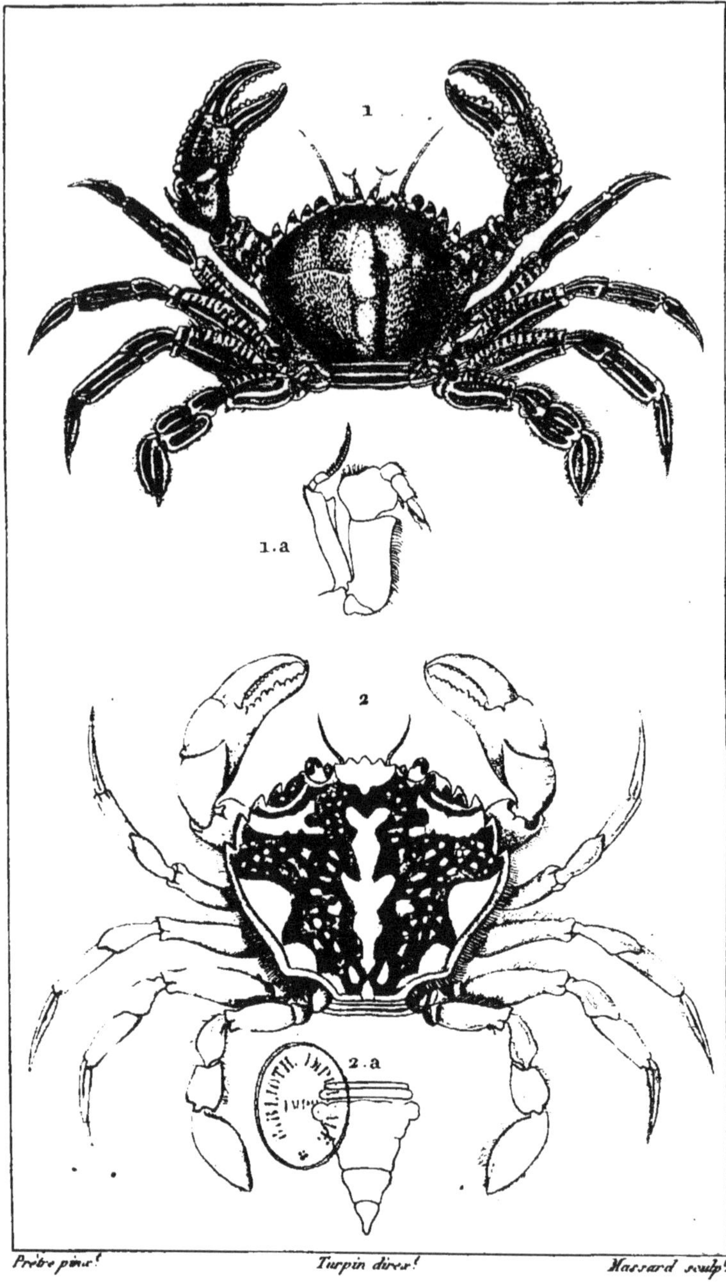

Prêtre pinx. *Turpin direx.* *Massard sculp.*

DÉCAPODES, Brachyures.

1. Portune *Etrille. (mâle.)*
1.a. *Pied-machoire extérieur, droit.*
2. Portune *marbré. (mâle.)*
2.a. *Queue ou abdomen.*

ZOOLOGIE.

CRUSTACÉS. Malacostracés.

Prêtre pinx.t *Turpin direx.t* *Joyeau sculp.t*

DÉCAPODES	1. Podophthalme *épineux*.
Brachyures.	2. Lupée *pélagique*.

ZOOLOGIE.

CRUSTACÉS.

Malacostracés.

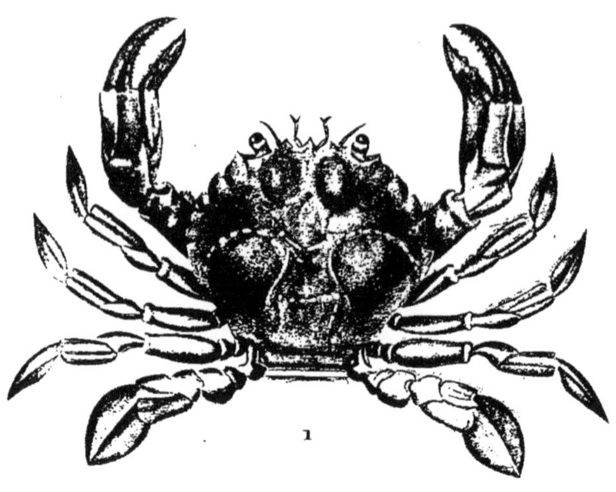

1

Prêtre pinx.t *Turpin direx.t* *Victor sculp.t*

DÉCAPODES Brachyures. { 1. Polybie *de Henslow.* 2. Matute *vainqueur.*

ZOOLOGIE.

CRUSTACÉS. Malacostracés.

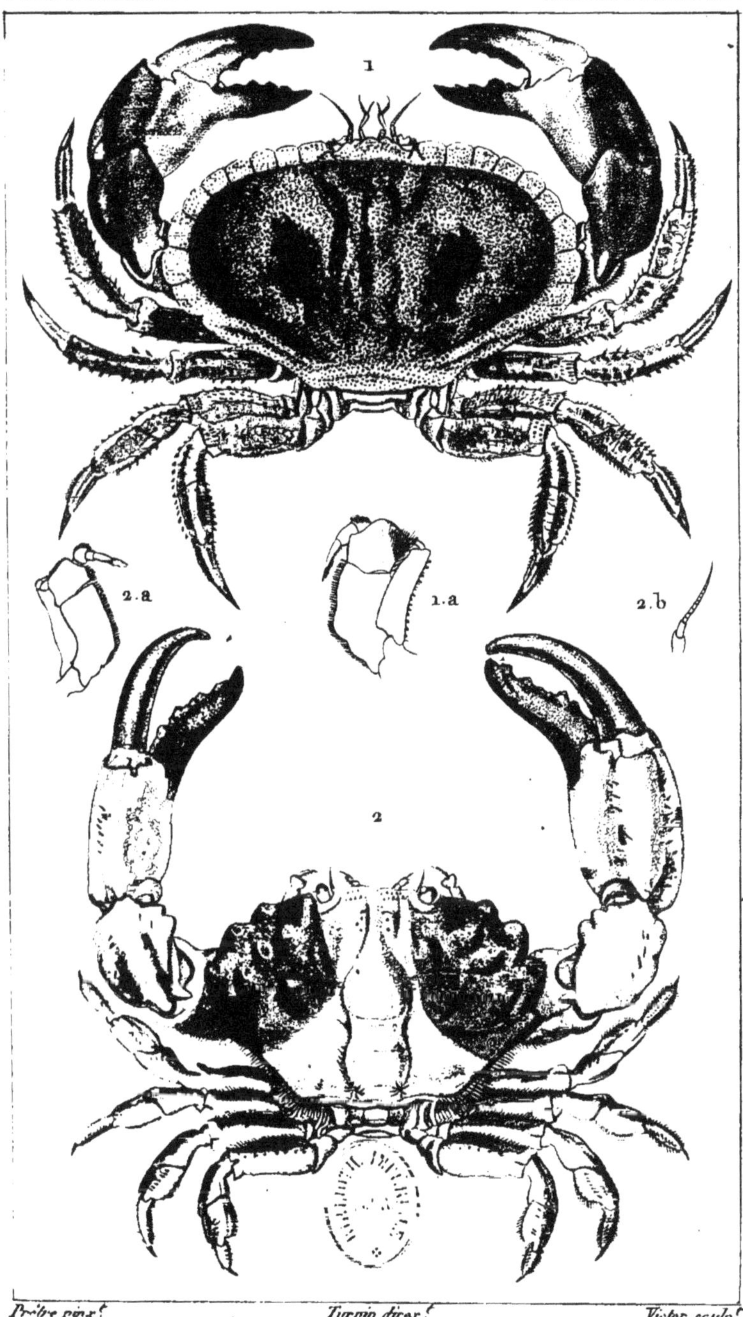

Prêtre pinx.t Turpin direx.t Victor sculp.t

DÉCAPODES Brachyures.

1. Crabe *Tourteau*.
1.a *Pied-machoire extérieur*.
2. Xanthe *Floride*.
2.a *Pied-machoire extérieur*. 2.b. *Antenne externe*.

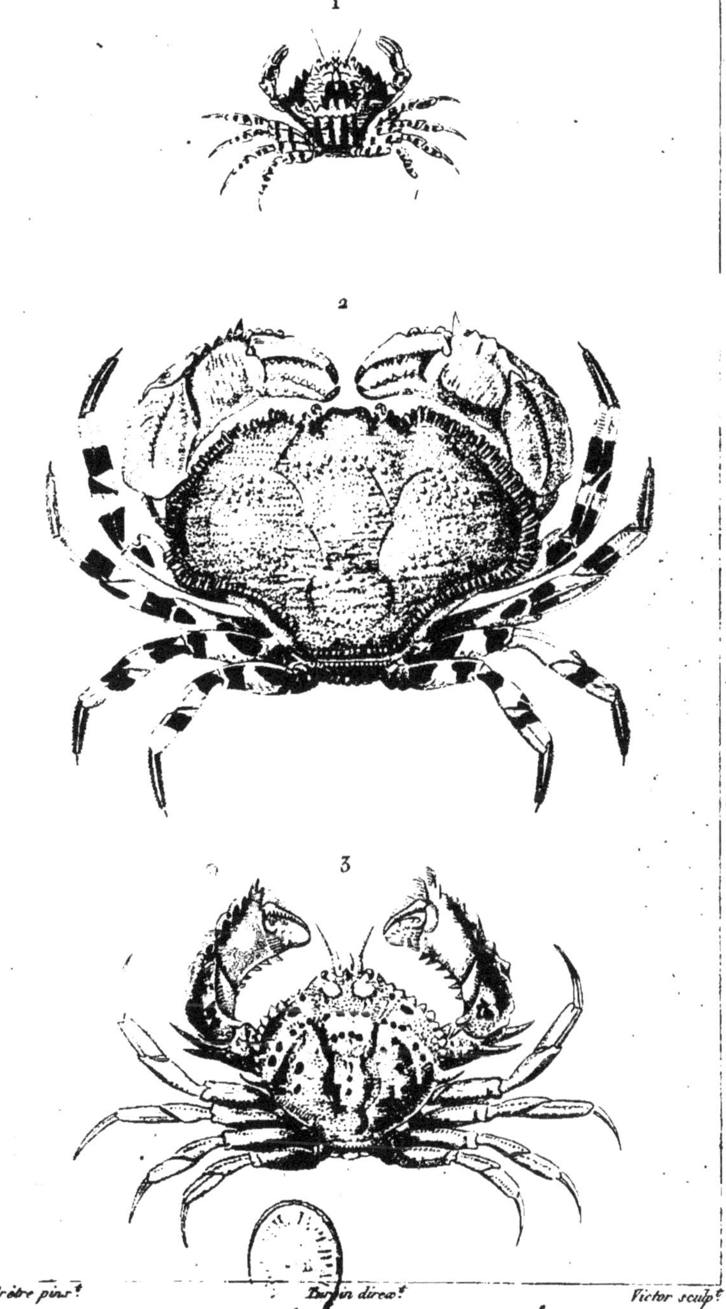

Prêtre pinx.t Turpin direx.t Victor sculp.t

DÉCAPODES Brachyures.
1. Pirimèle *denticulé.*
2. Hépate *fascié.*
3. Mursie *Mains-en-crête.*

ZOOLOGIE.

CRUSTACÉS. Malacostracés.

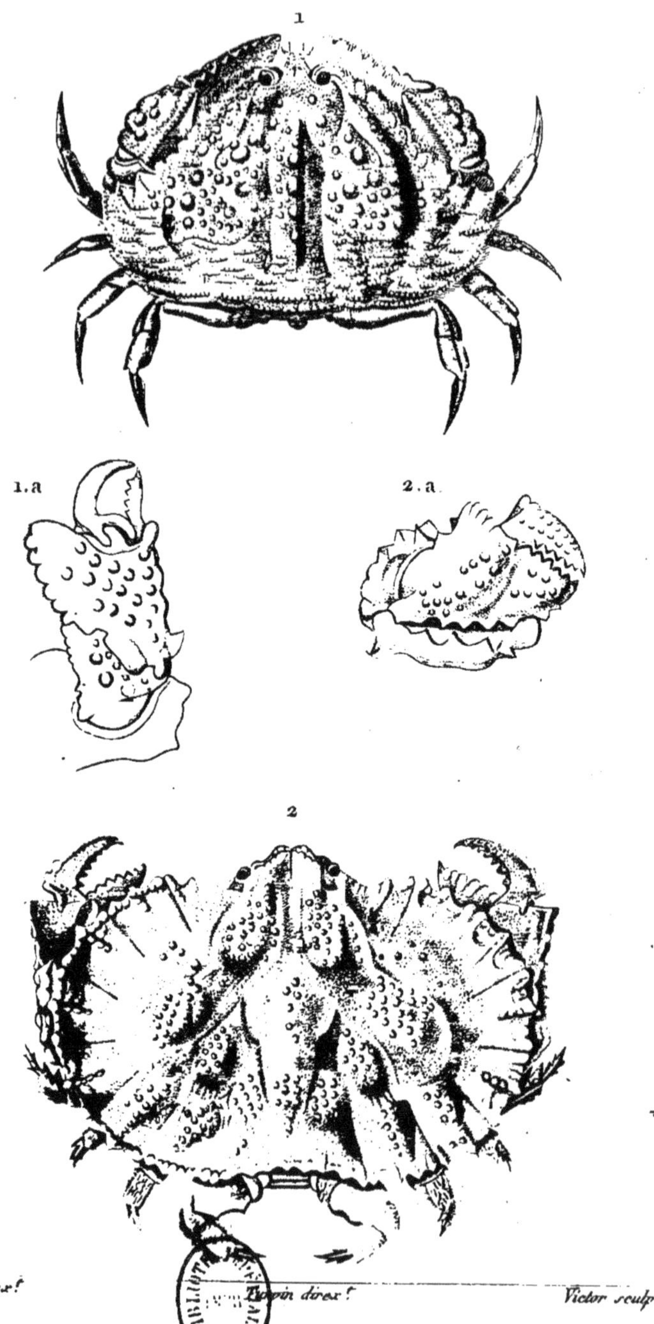

Prêtre pinx.t *Turpin direx.t* *Victor sculp.t*

DÉCAPODES Brachyures. | 1. Calappe *tuberculé*. a. *Sa pince droite*.
| 2. Œthre *déprimé*. a. *Sa pince droite*.

ZOOLOGIE.

CRUSTACÉS. Malacostracés.

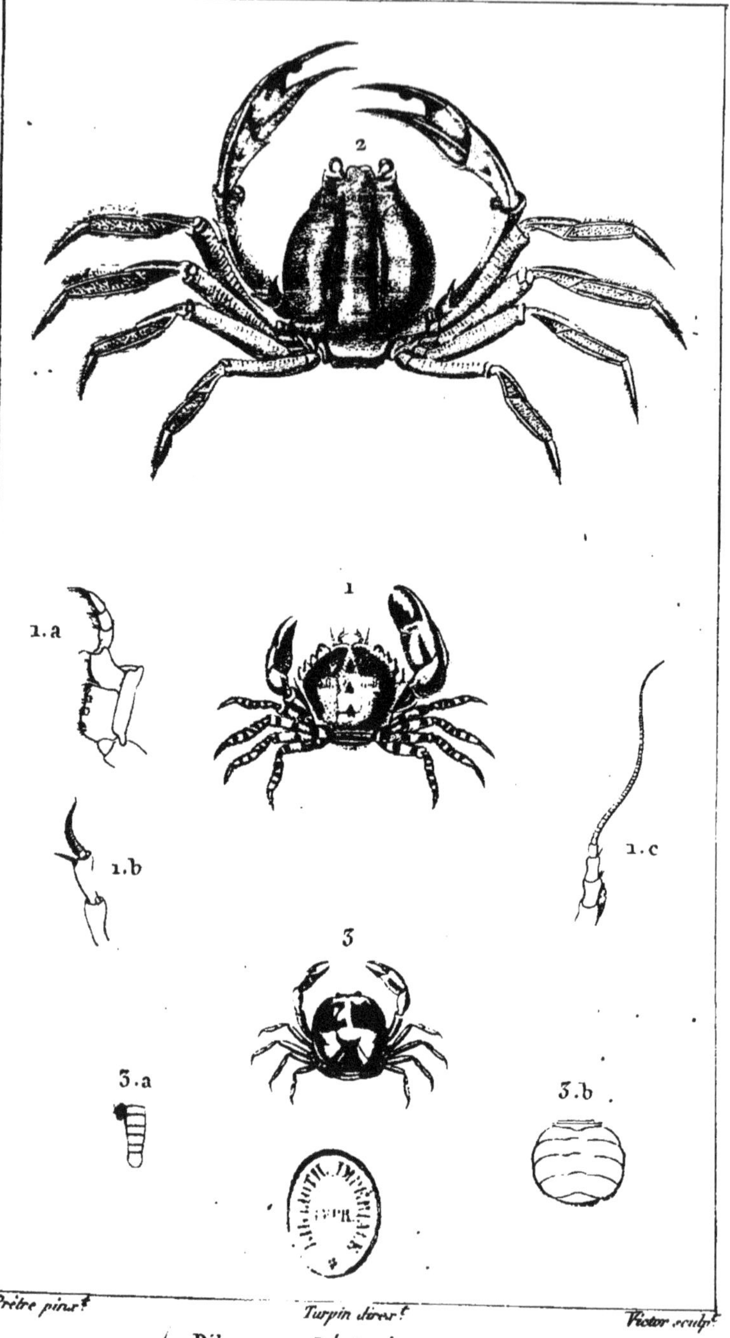

Prêtre pinx.t *Turpin direx.t* *Victor sculp.t*

DÉCAPODES Brachyures.

1. Pilumne *hérissé*. a. *Pied-machoire extér.r gauche.* b. *Antenne intérieure.* c. *Antenne extérieure.*
2. Mictyre *longicarpe*.
3. Pinnothère *Pois.* a. *Abdomen du mâle.* b. *Abd.en de la fem.le*

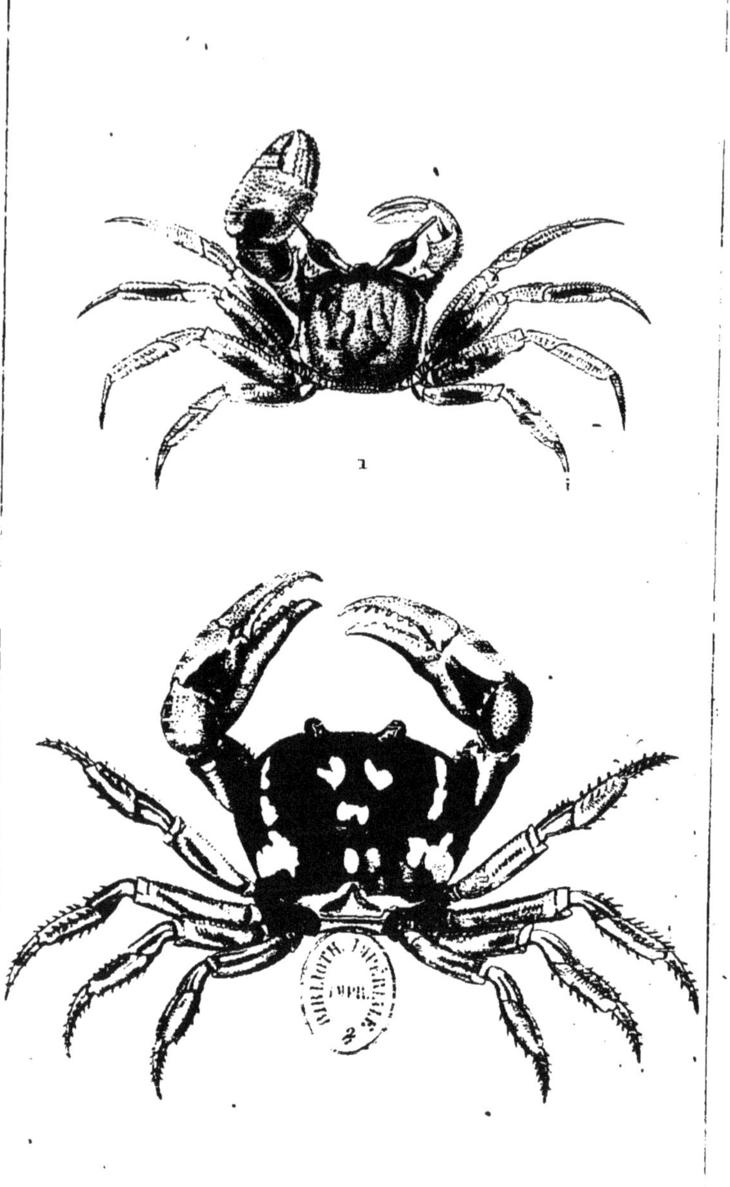

Prêtre pinx.t *Turpin direx.t* *Joyeau sculp.t*

DÉCAPODES Brachyures. | 1. Ocypode *cératophthalme*. 2. Gécarcin *Tourlourou*.

1

Prêtre pinx.t Turpin direx.t Joyeau sculp.t

DÉCAPODES Brachyures. { 1. Gélasime *de Marion*. 2. Gonoplace *rhomboïde*.

ZOOLOGIE.

CRUSTACÉS. Malacostracés.

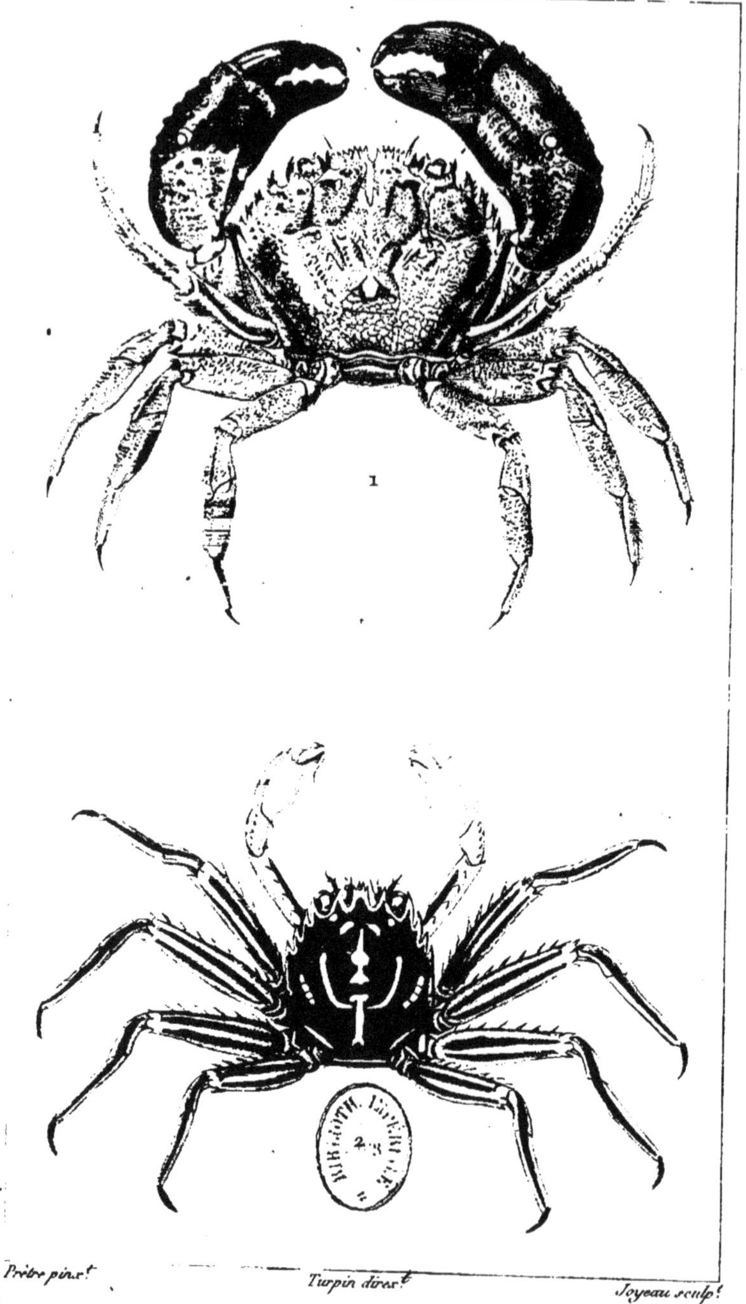

Prêtre pinx.t *Turpin direx.t* *Joyeau sculp.t*

DÉCAPODES Brachyures.	1. Eriphie *Front-épineux.* 2. Plagusie *clavimane.*

ZOOLOGIE.

CRUSTACÉS. Malacostracés.

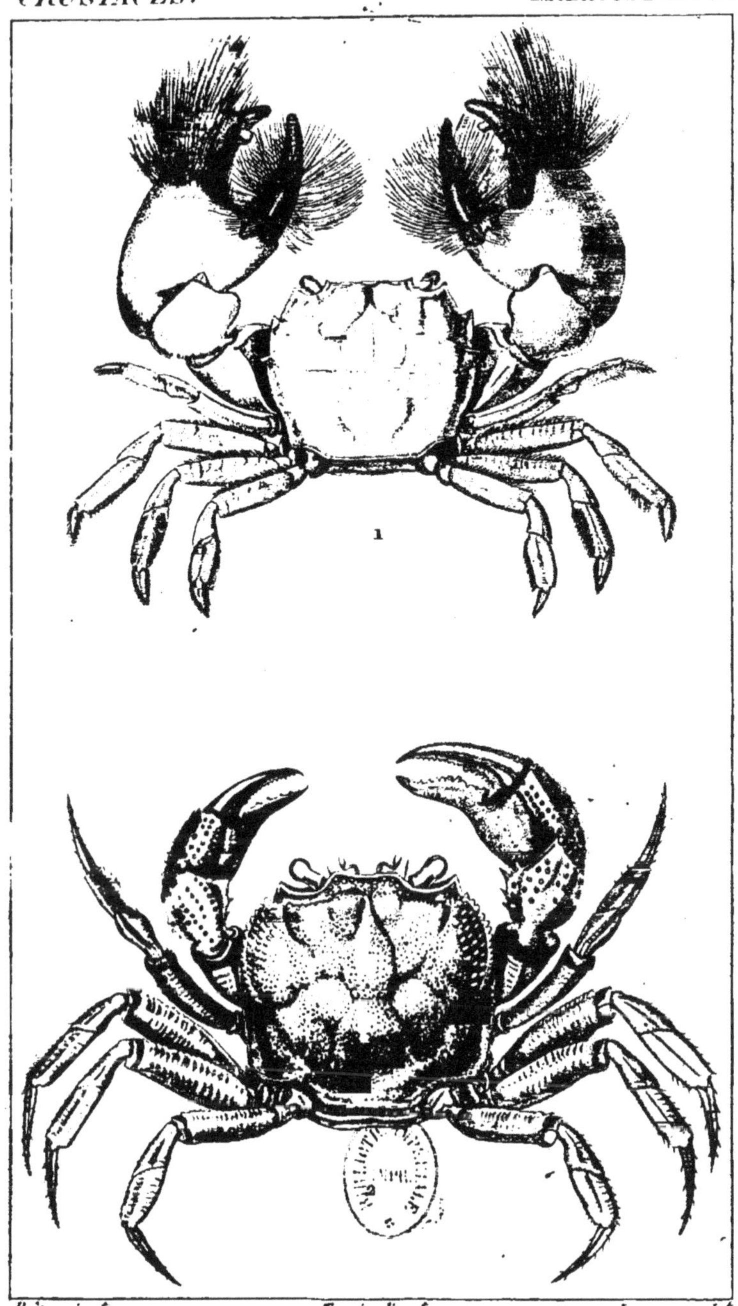

Prêtre pinx.t *Turpin direx.t* *Joyeau sculp.t*

DÉCAPODES Brachyures. { 1. Grapse *Porte-pinceau*. 2. Thelphuse *fluviatile*.

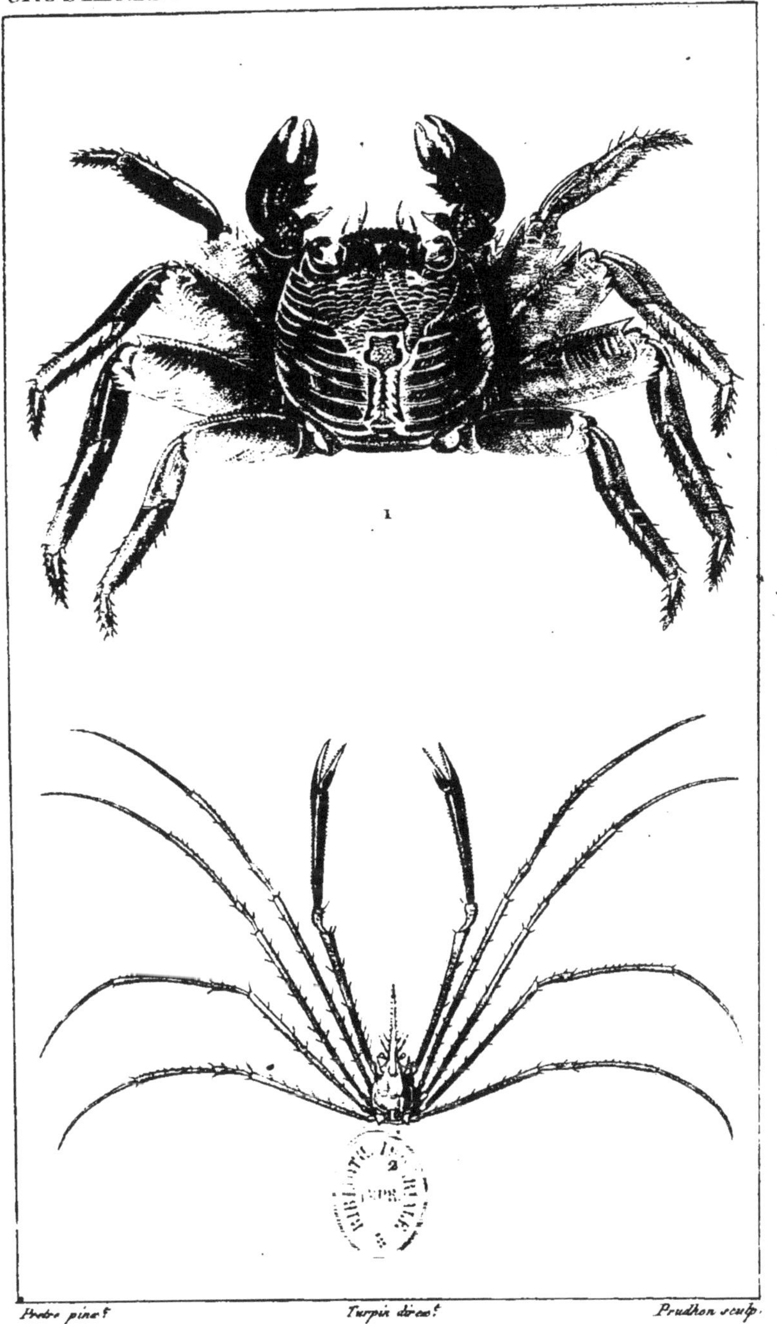

Prêtre pinx.t Turpin direx.t Prudhon sculp.

1 CARCINOÏDES. grapse *peint*.

2 OXYRINQUES. maja *faucheur*.

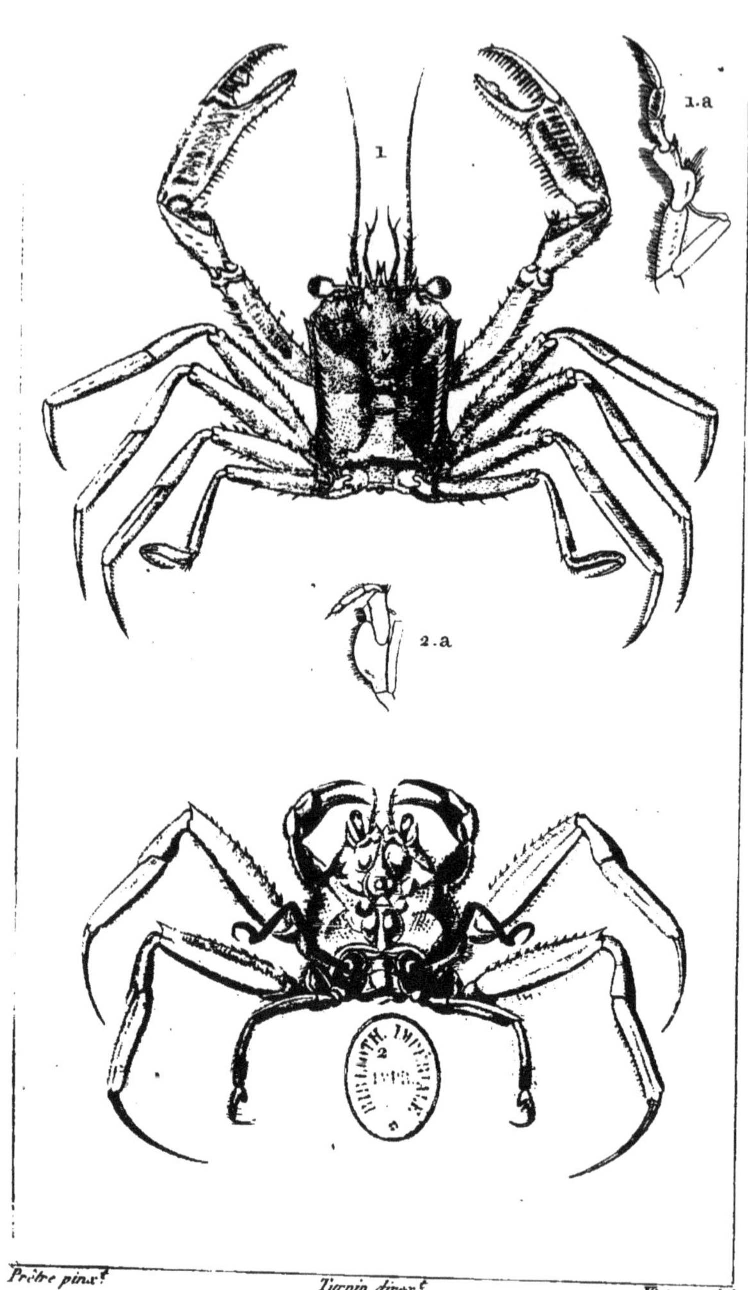

Prêtre pinx.t *Turpin direx.t* *Victor sculp.t*

DÉCAPODES Brachyures.

1. Homole *Front-épineux.*

a. *Pied-machoire extérieur, gauche.*

2. Dorippe *laineuse.*

a. *Pied-machoire extérieur, gauche.*

ZOOLOGIE.

CRUSTACÉS. Malacostracés.

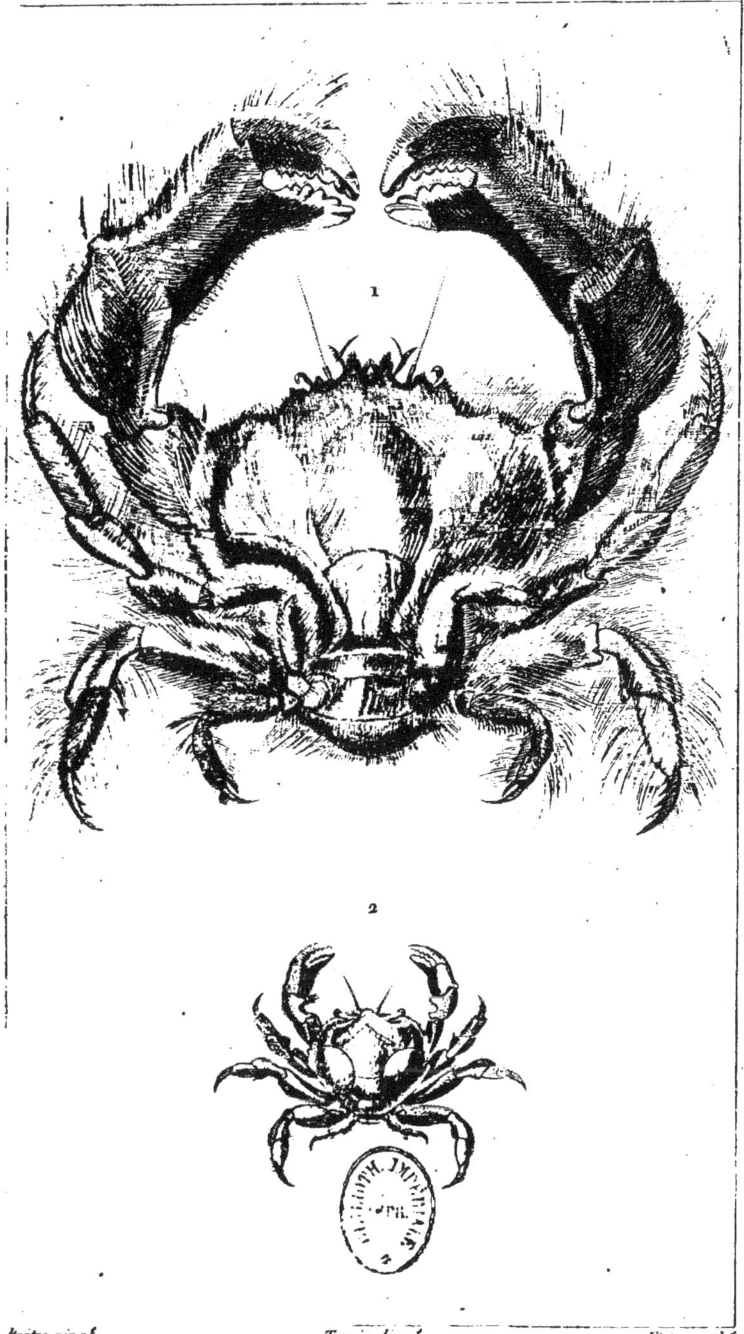

Prêtre pinx.t *Turpin direx.t* *Victor sculp.t*

DÉCAPODES { 1. Dromie *très-velue*.
Brachyures. { 2. Dynomène *hispide*.

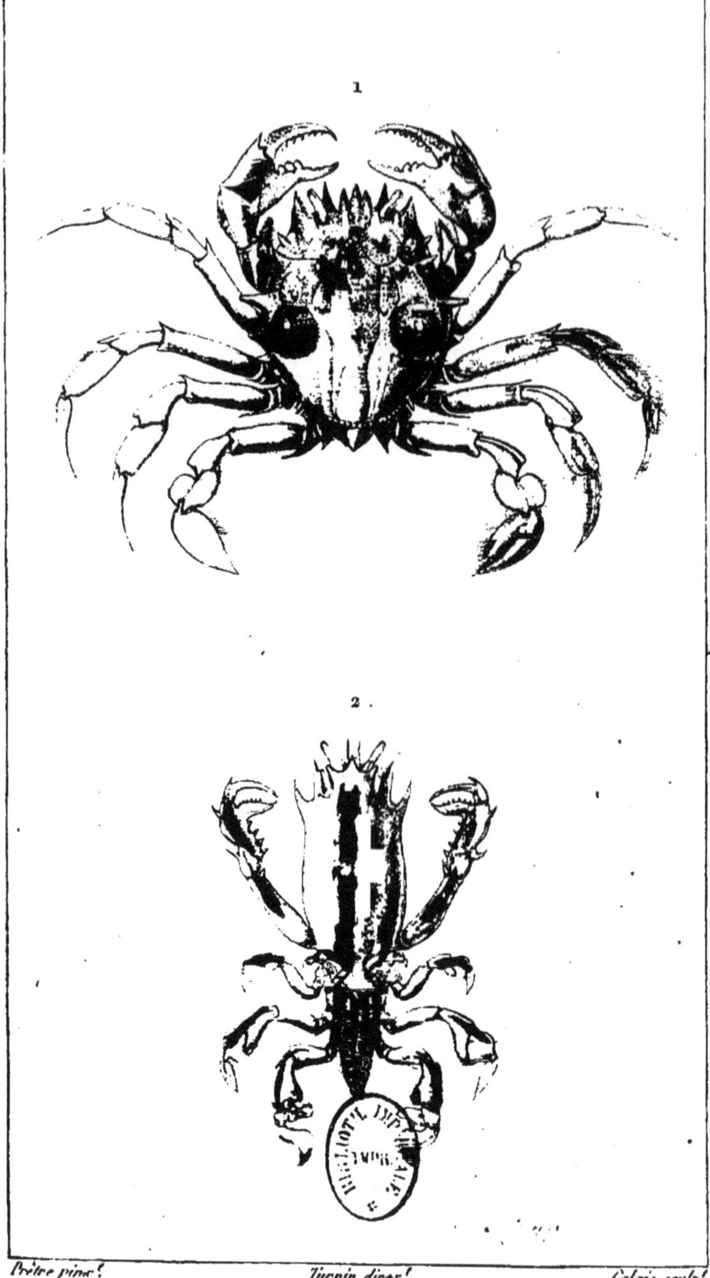

Prêtre pinx! *Turpin direx!* *Calais sculp!*

DÉCAPODES | 1. Orithyie *mamillaire*.
Brachyures. | 2. Ranine *dorsipède*.

ZOOLOGIE.

CRUSTACÉS. Malacostracés.

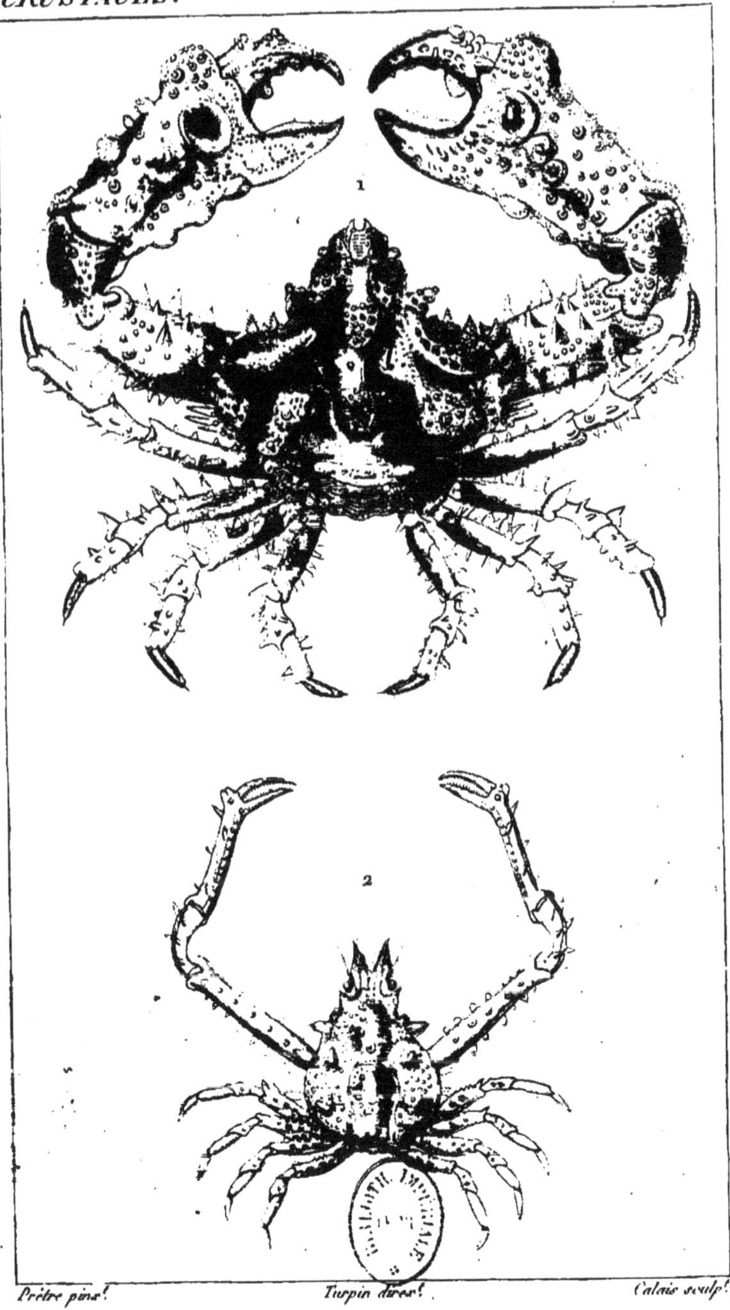

Prêtre pinx! Turpin direx! Calais sculp!

DÉCAPODES Brachyures. | 1. Parthenope *horrible*. 2. Eurynome *rugueuse*.

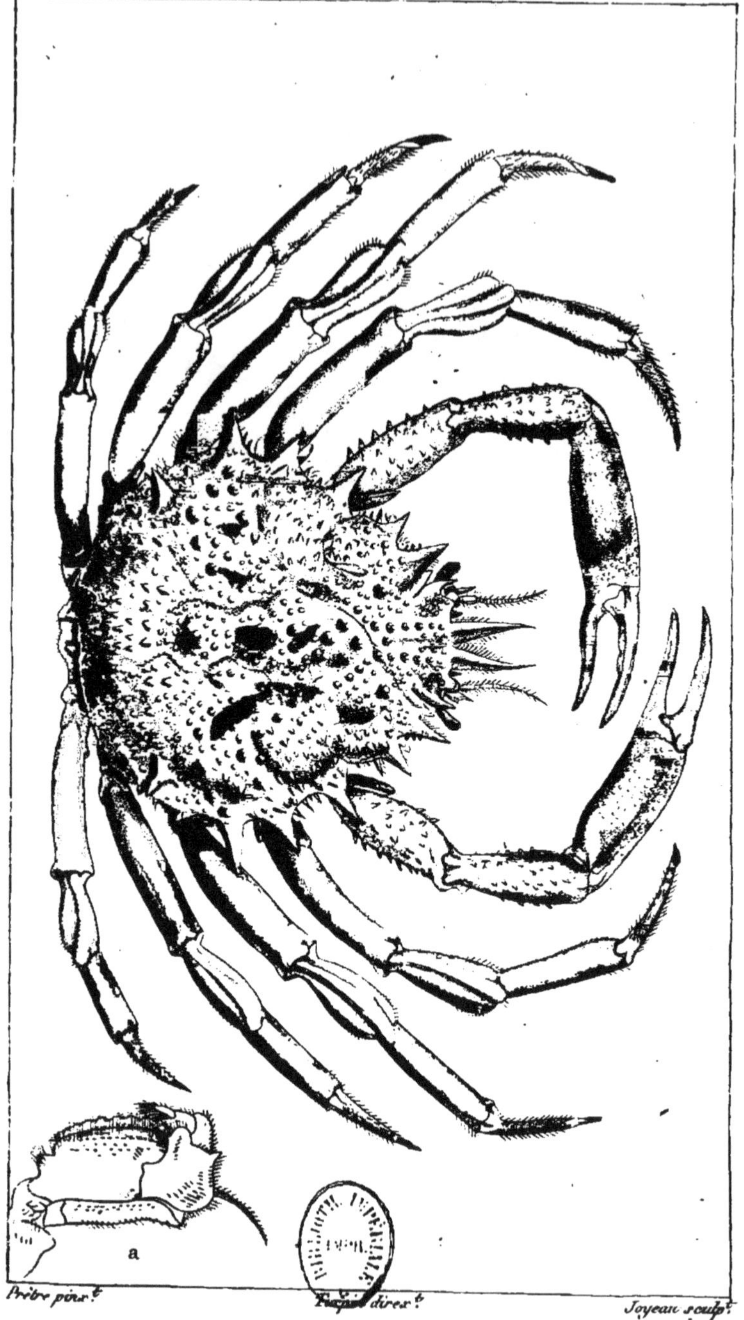

Prêtre pinx.t *Turpin direx.t* *Joyeau sculp.t*

DECAPODES.	Maïa *Squinado.*
Brachyures.	a. *Pied-machoire extérieur, gauche.*

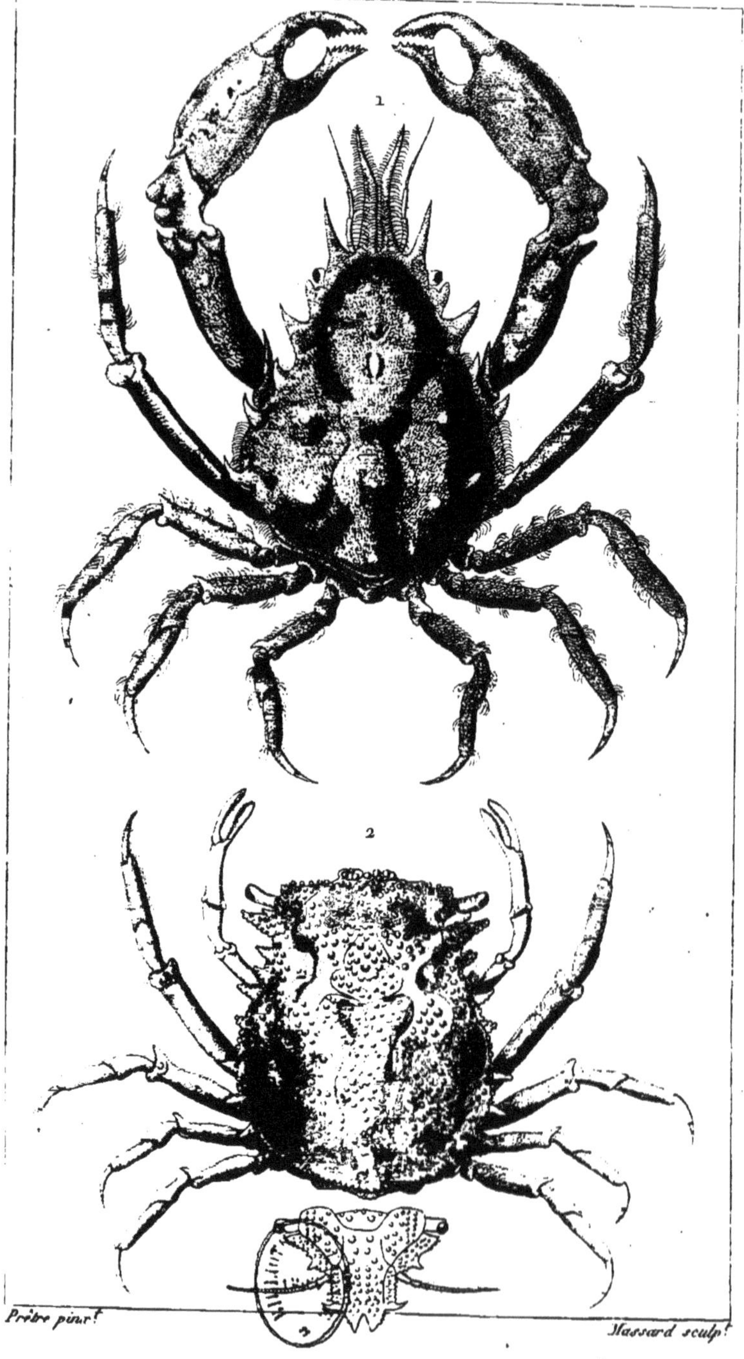

DÉCAPODES | 1. Pisa *Tétraodon*.
Brachyures. | 2. Micippe *philyre*.

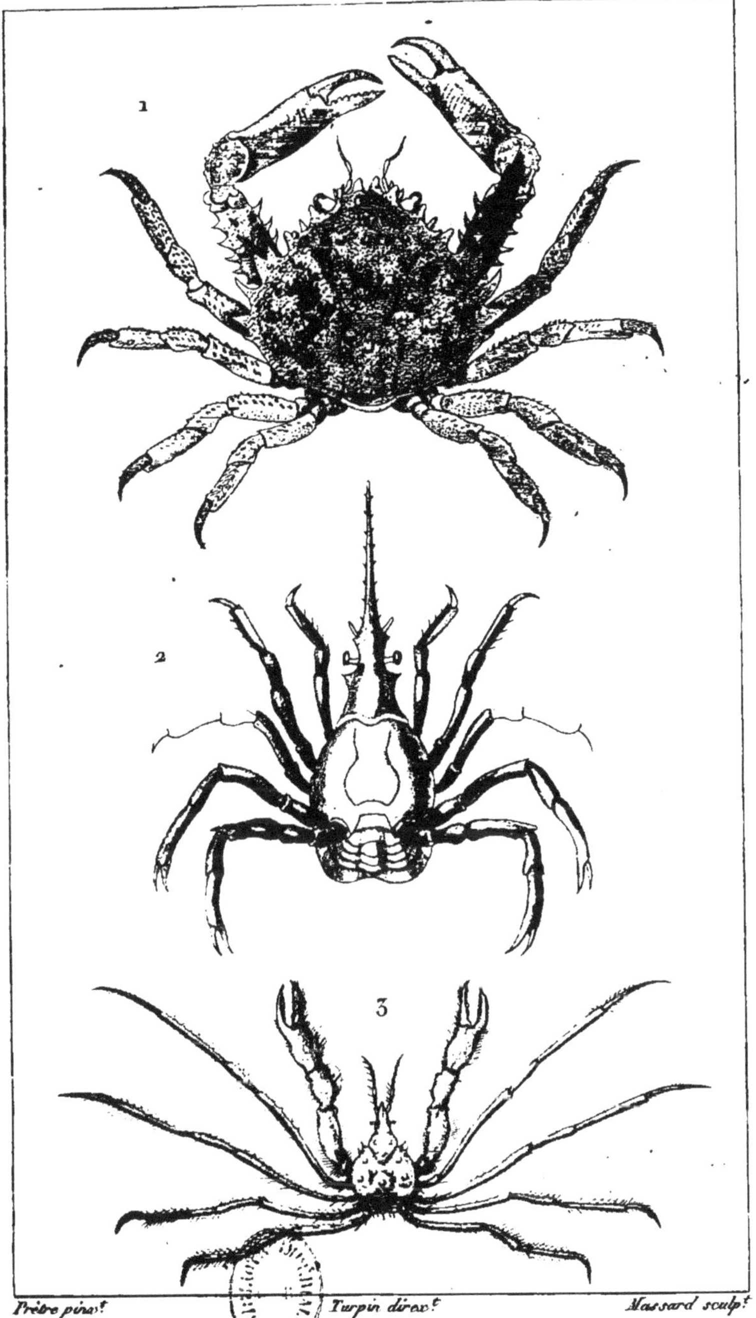

Prêtre pinx.t *Turpin direx.t* *Massard sculp.t*

DÉCAPODES Brachyures.

1. Mithrax *Bords-épineux.*
2. Pactole *de Bosc.*
3. Macropodie *Faucheur.*

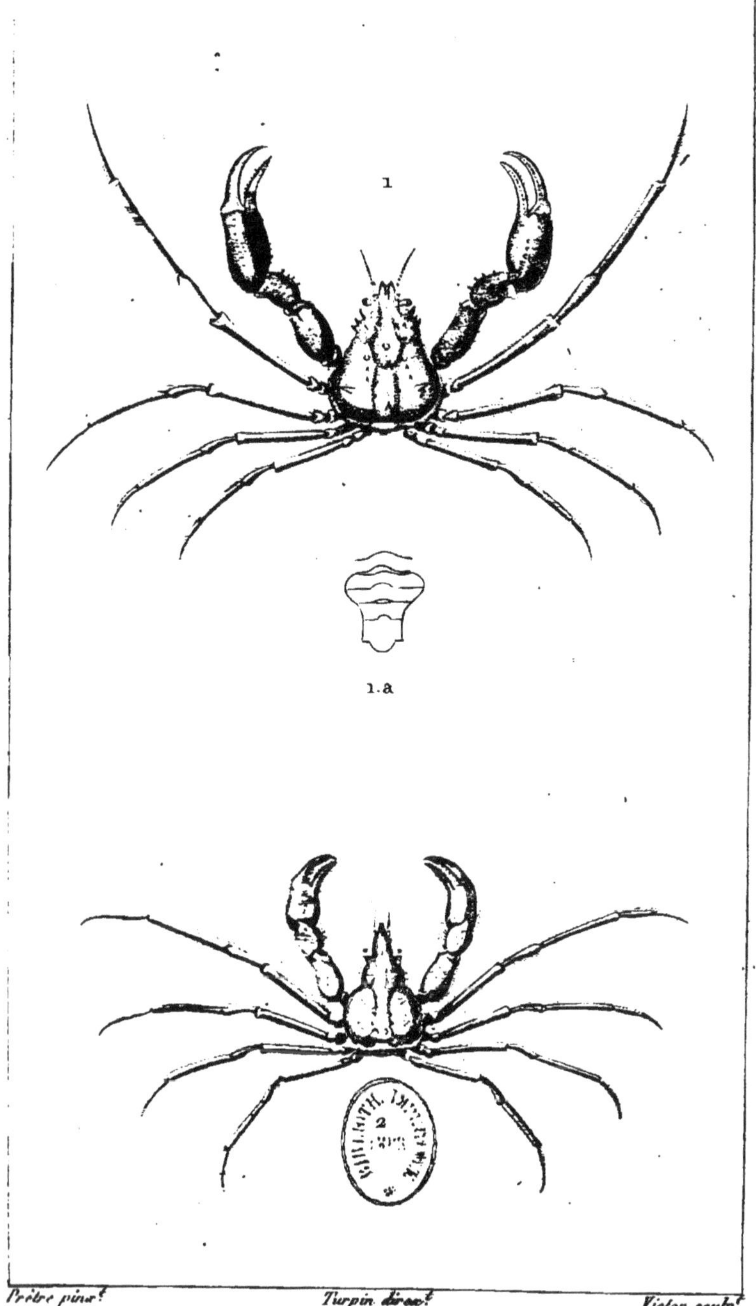

Prêtre pinx.t *Turpin direx.t* *Victor sculp.t*

DÉCAPODES Brachyures..
- 1. Inachus *Scorpion. (mâle.)*
- 1.a. *Queue ou abdomen.*
- 2. Inachus *dorhynque.*

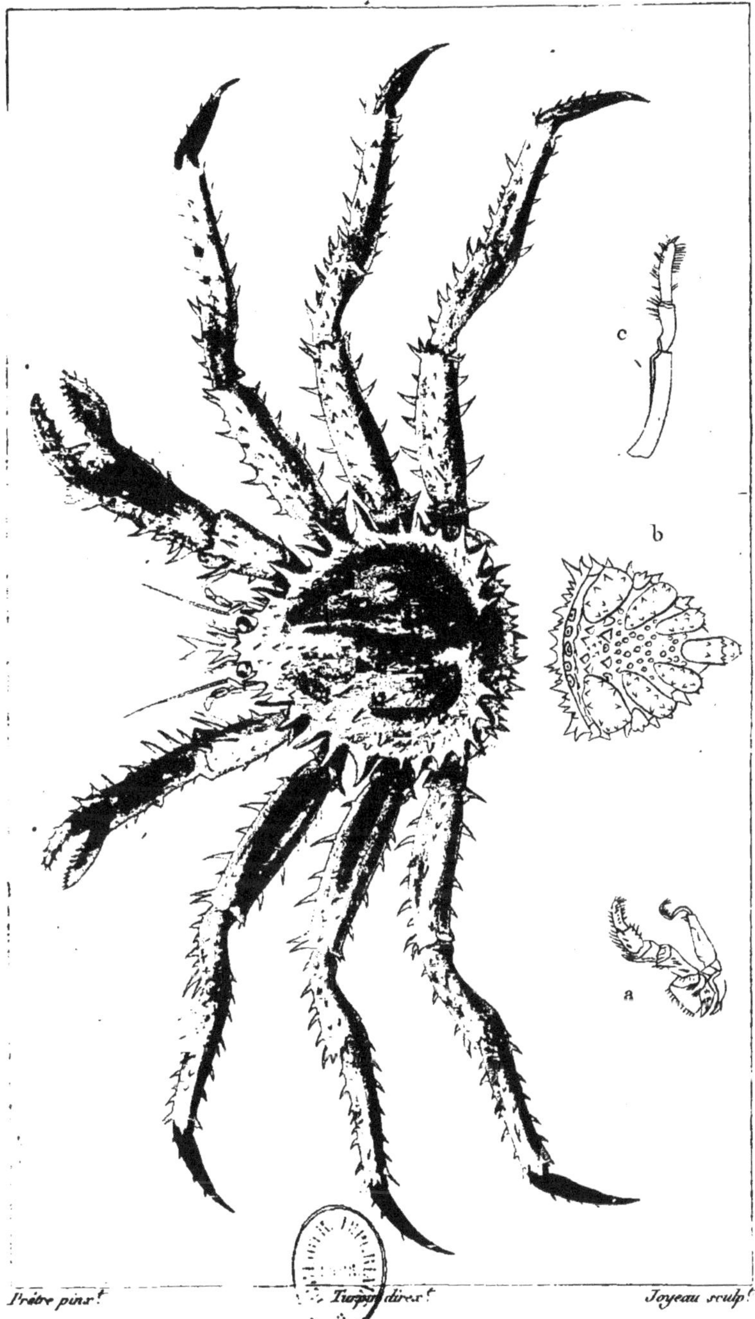

Prêtre pinx^t. *Turpin direx^t.* *Joyeau sculp^t.*

DÉCAPODES Brachyures.

Lithode *arctique, femelle.*

a. *Pied-machoire extérieur, gau^he.* b. *Abdomen ou queue.* c. *Pied de la 5ème paire.*

ZOOLOGIE.

CRUSTACÉS. Malacostracés.

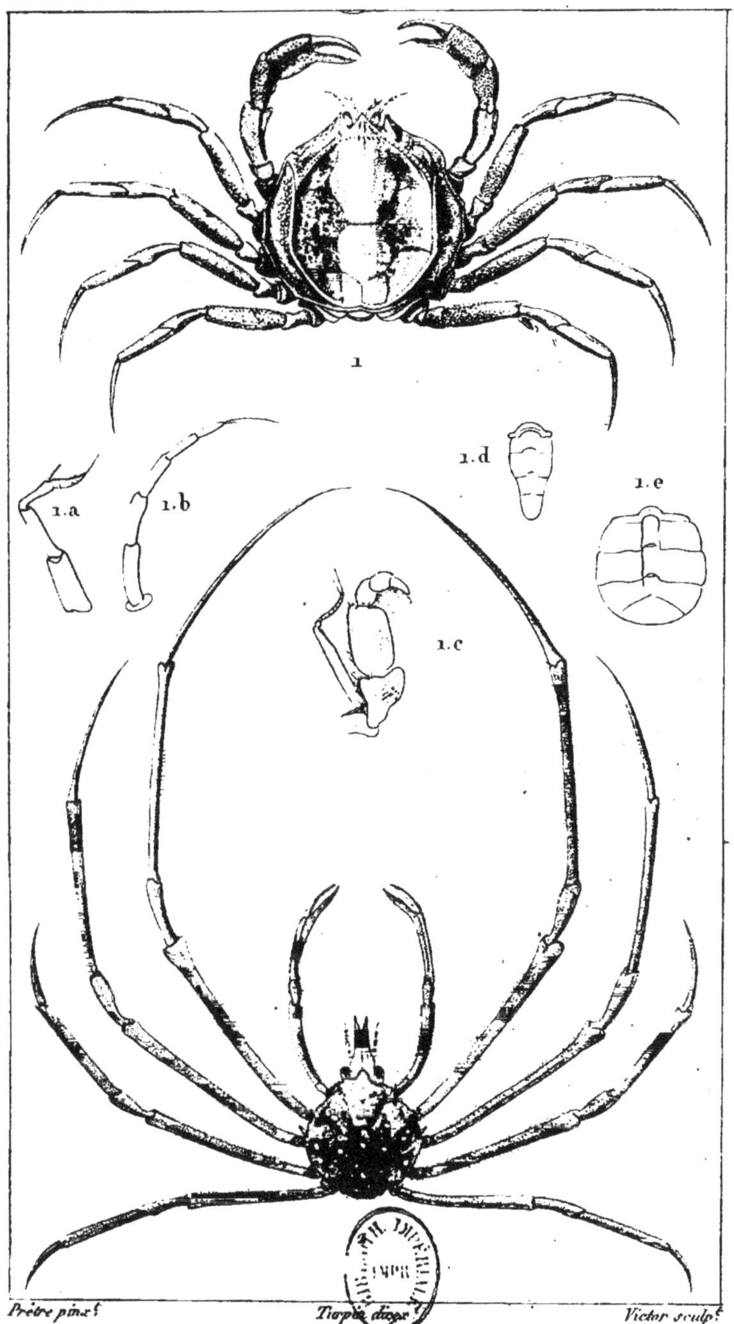

Prêtre pinx.t *Turpin direx.t* *Victor sculp.t*

DÉCAPODES Brachyures. 1. Hyménosome *orbiculaire.* *a. Antenne intér.re* *b. Antenne exter.re c. Pied mach.re ext.r droit. d. Queue du mâle. e Id. de la fem.le*

2. Egérie *de l'Inde..*

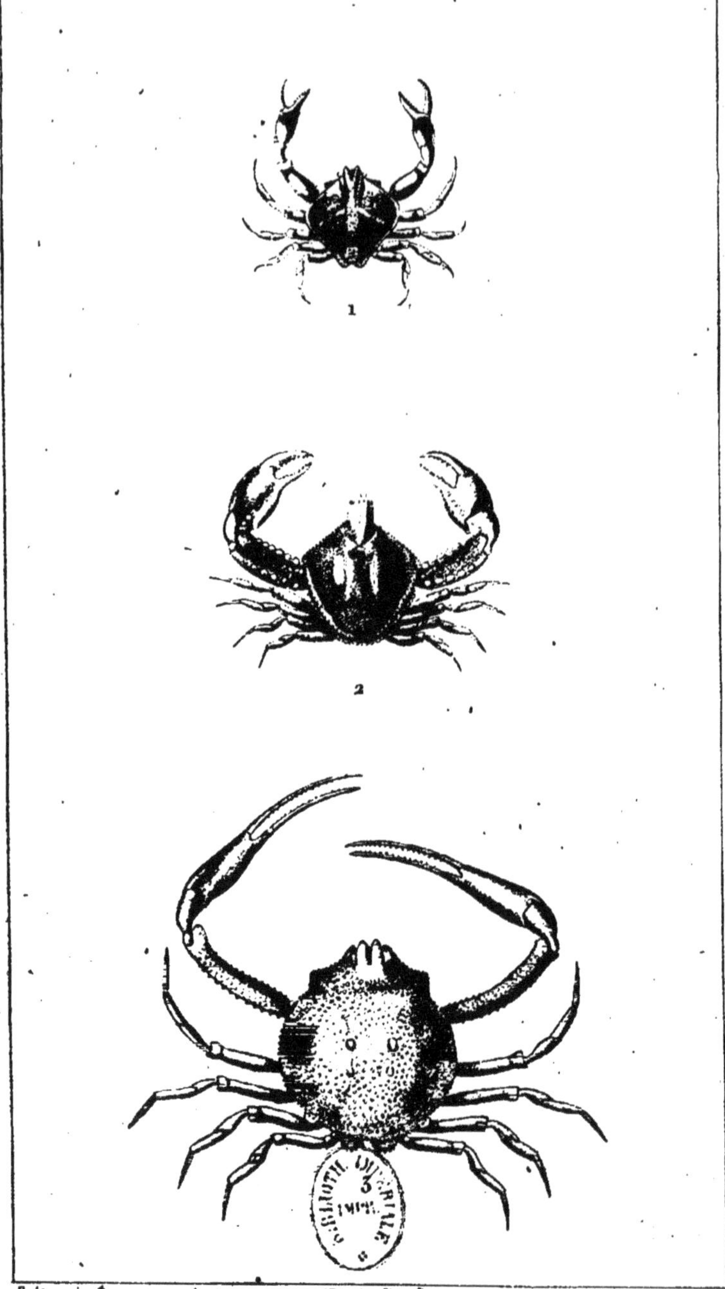

Prêtre pinx.t *Turpin direx.t* *Victor sculp.t*

DÉCAPODES Brachyures.
1. Ebalie *de Pennant.*
2. Leucosie *craniolaire.*
3. Ilia *Noyau.*

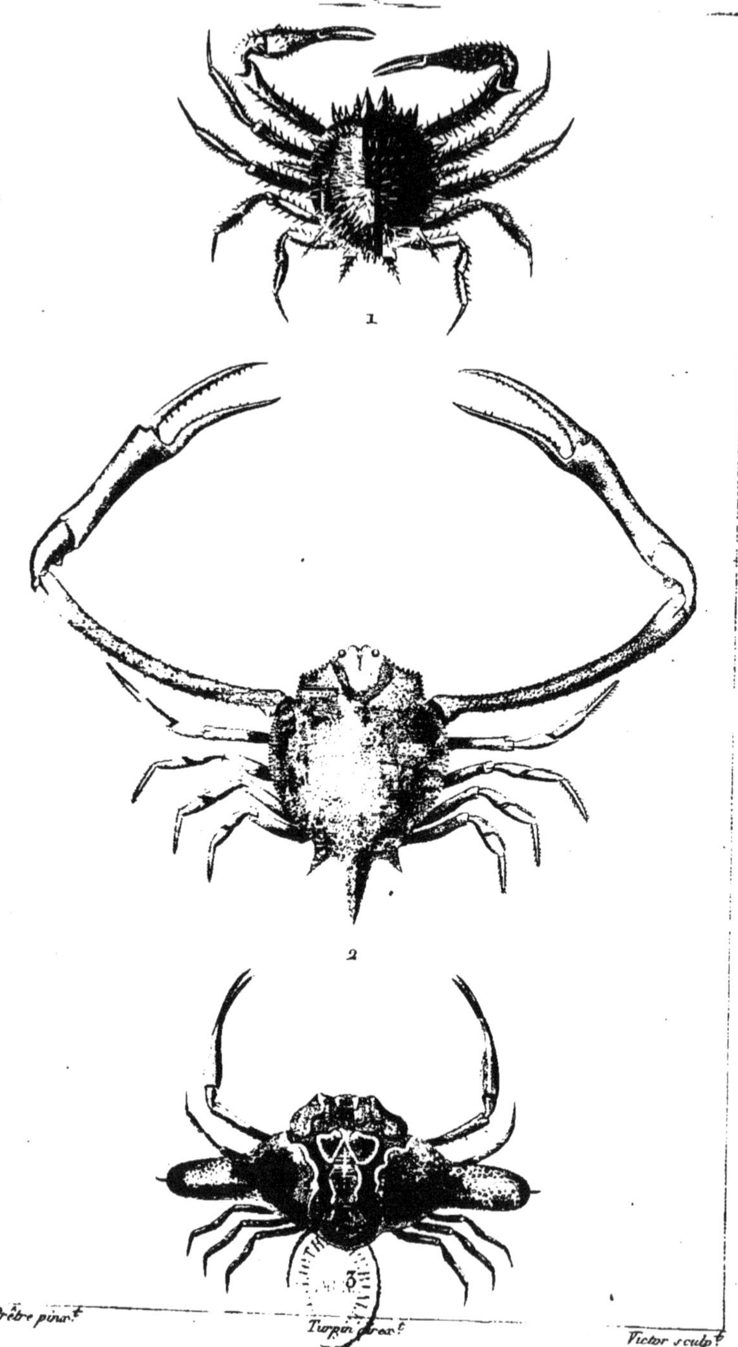

Prêtre pinx.t *Turpin direx.t* *Victor sculp.t*

DÉCAPODES Brachyures.
1. Arcanie *Hérisson.*
2. Myra *fugace.*
3. Ixa *canaliculée.*

ZOOLOGIE.

CRUSTACÉS. Malacostracés.

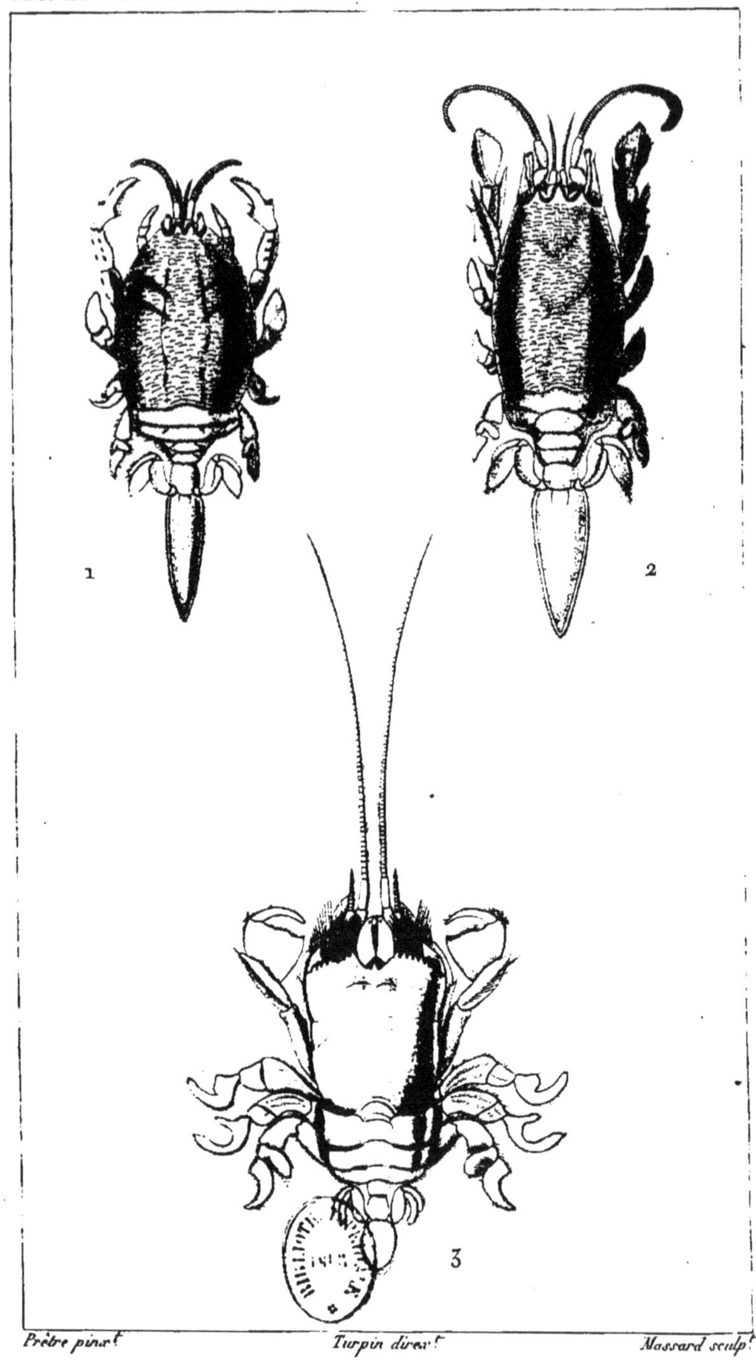

Prêtre pinx.t *Turpin direx.t* *Massard sculp.t*

DÉCAPODES Macroures.
1. Rémipède *Tortue*.
2. Hippe *émérite*.
3. Albunée *Symniste*.

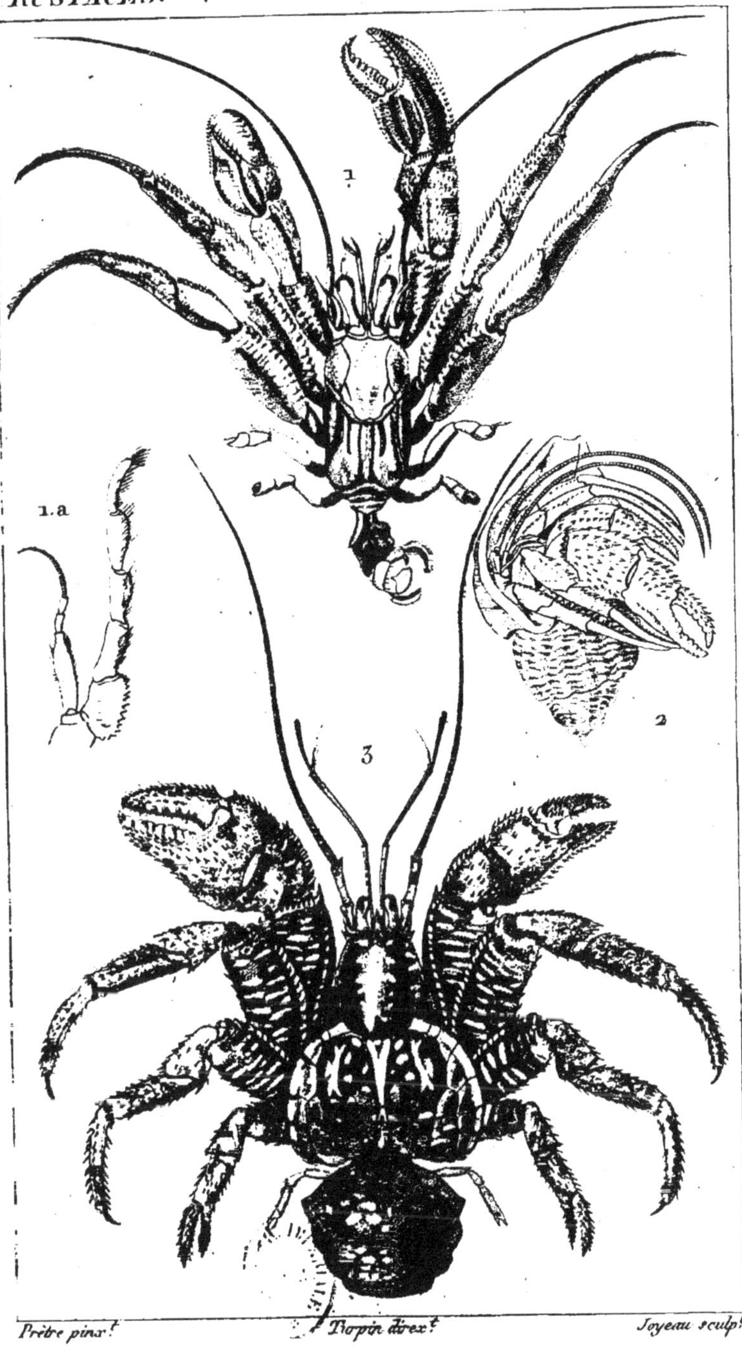

Prêtre pinx.t Turpin direx.t Joyeau sculp.t

DÉCAPODES Macroures.

1. Pagure *anguleux*. 1. a. *Pied-machoire droit.*
2. Pagure *Bernard. dans une coquille.*
3. Birgus *larron*.

ZOOLOGIE.

CRUSTACÉS. Malacostracés.

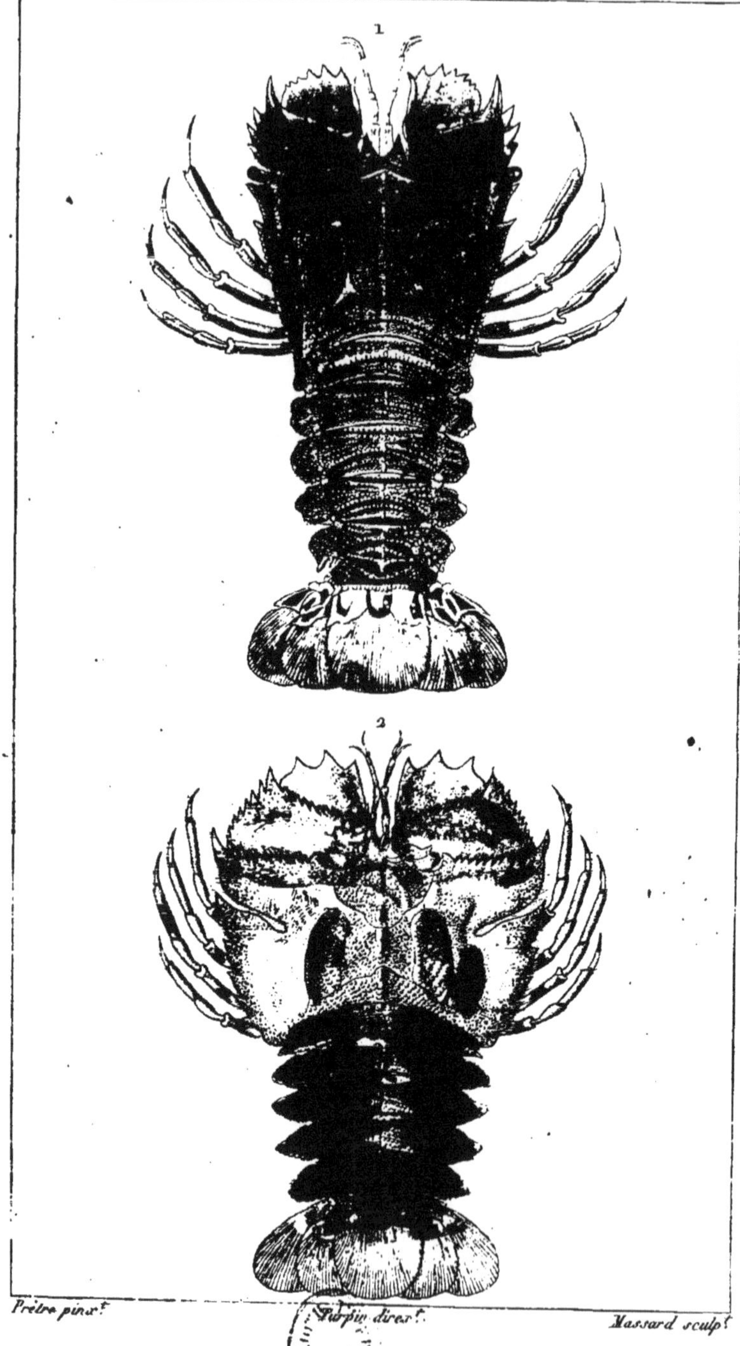

Prêtre pinx.t *Turpin direx.t* *Massard sculp.t*

DÉCAPODES Macroures. | 1. Scyllare *oriental.* 2. Ibacus *de Péron.*

ZOOLOGIE.

CRUSTACÉS. Malacostracés.

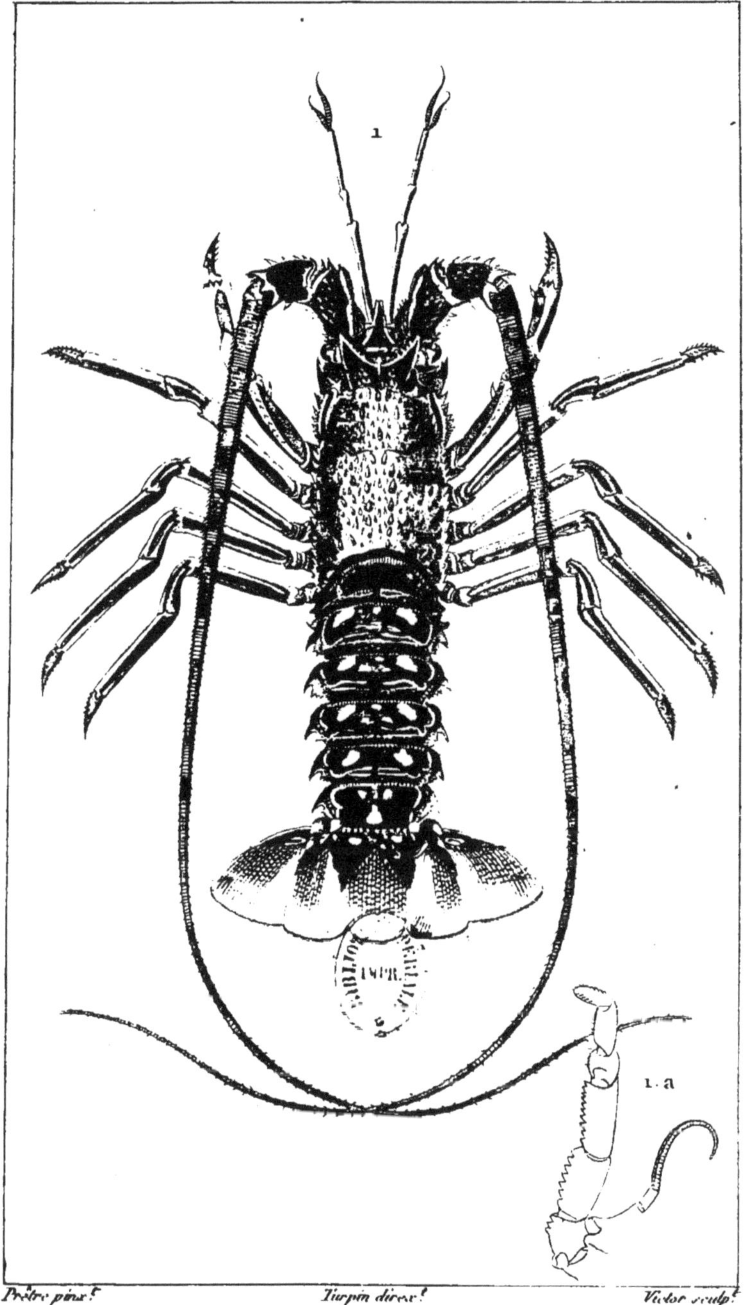

Prêtre pinx.t Turpin direx.t Victor sculp.t

DÉCAPODES | 1. Langouste *commune*.

Macroures. | 1.a. *Pied-machoire extérieur, gauche*.

ZOOLOGIE.

CRUSTACÉS. Malacostracés.

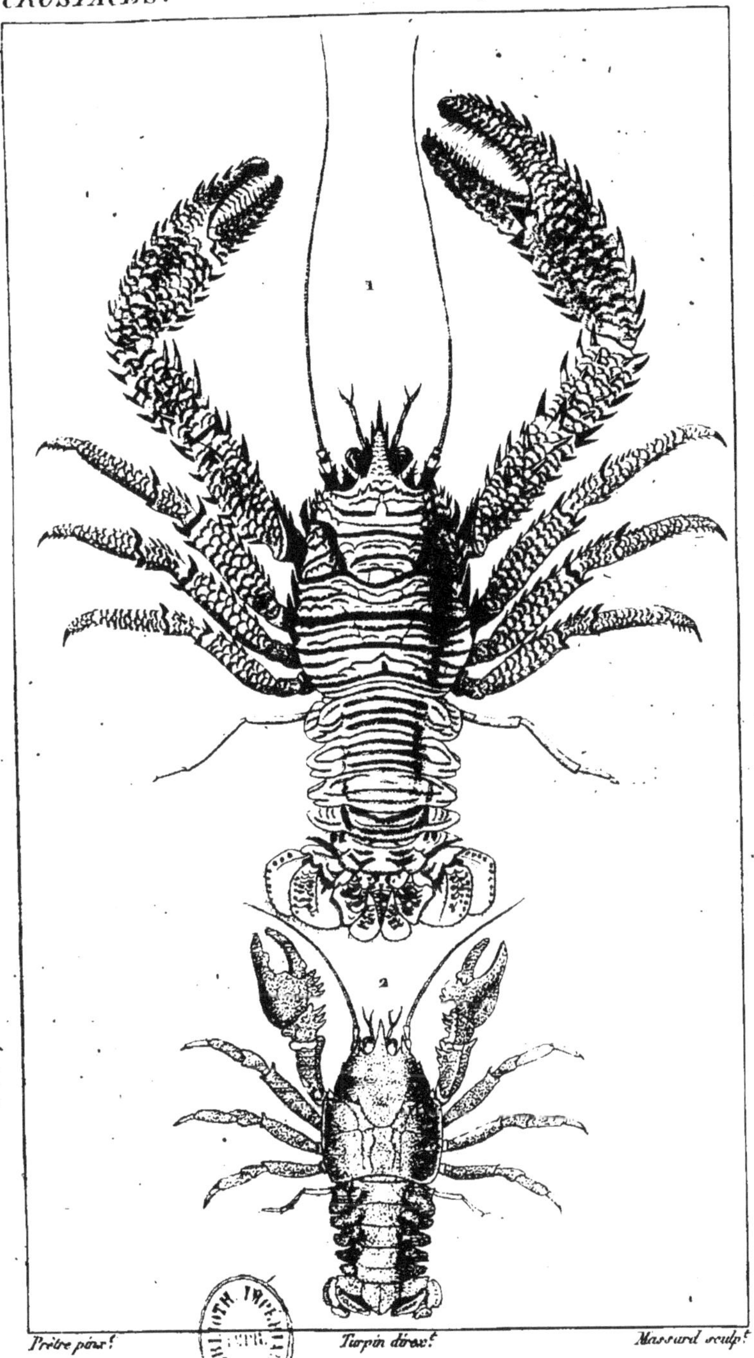

Prêtre pinx.t Turpin direx.t Massard sculp.t

DÉCAPODES Macroures. | 1. Galathée *striée*. 2. Eglée *lisse*.

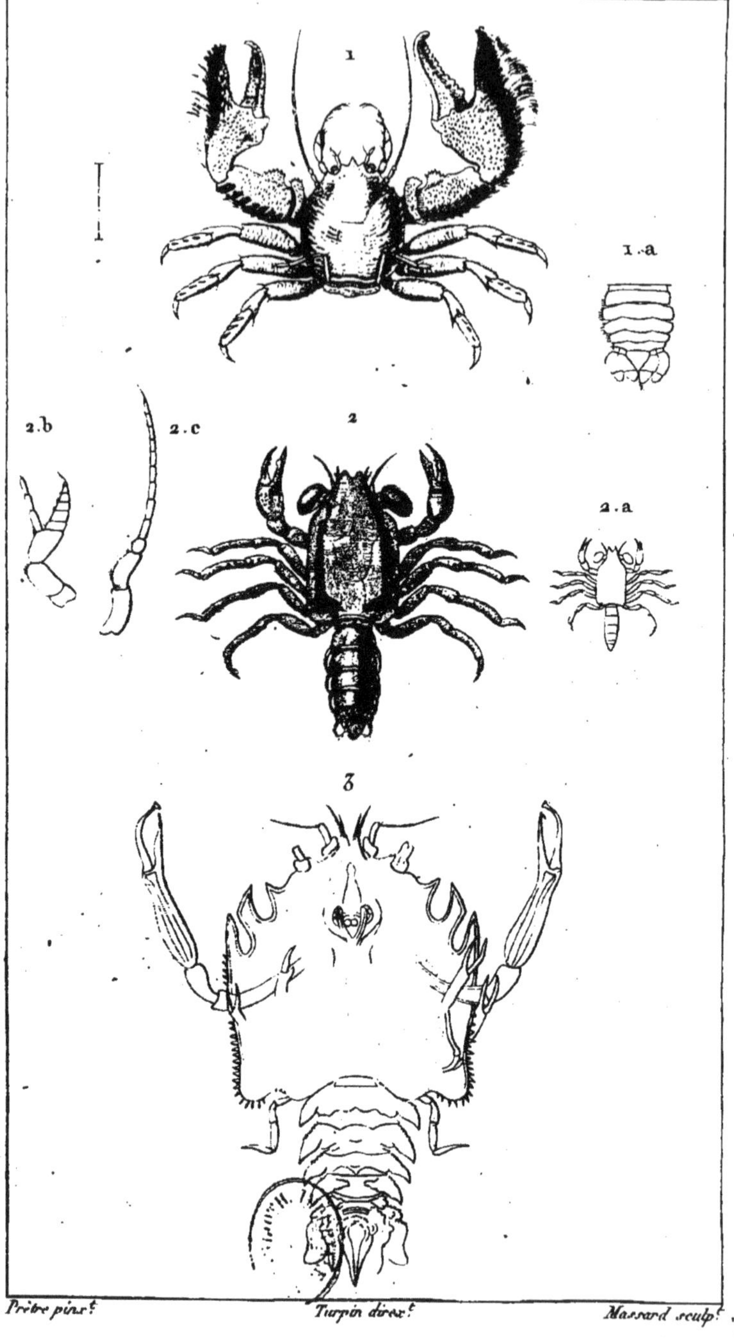

Prêtre pinx.t Turpin direx.t Massard sculp.t

DÉCAPODES Macroures.

1. Porcellane *Large-pince*. a. *Queue déployée.*
2. Mégalope *mutique*. a. *Grandeur naturelle.*
b. *Antenne interne*. c. *Antenne extérieure.*
3. Eryon *de Cuvier.*

ZOOLOGIE.

CRUSTACÉS. Malacostracés.

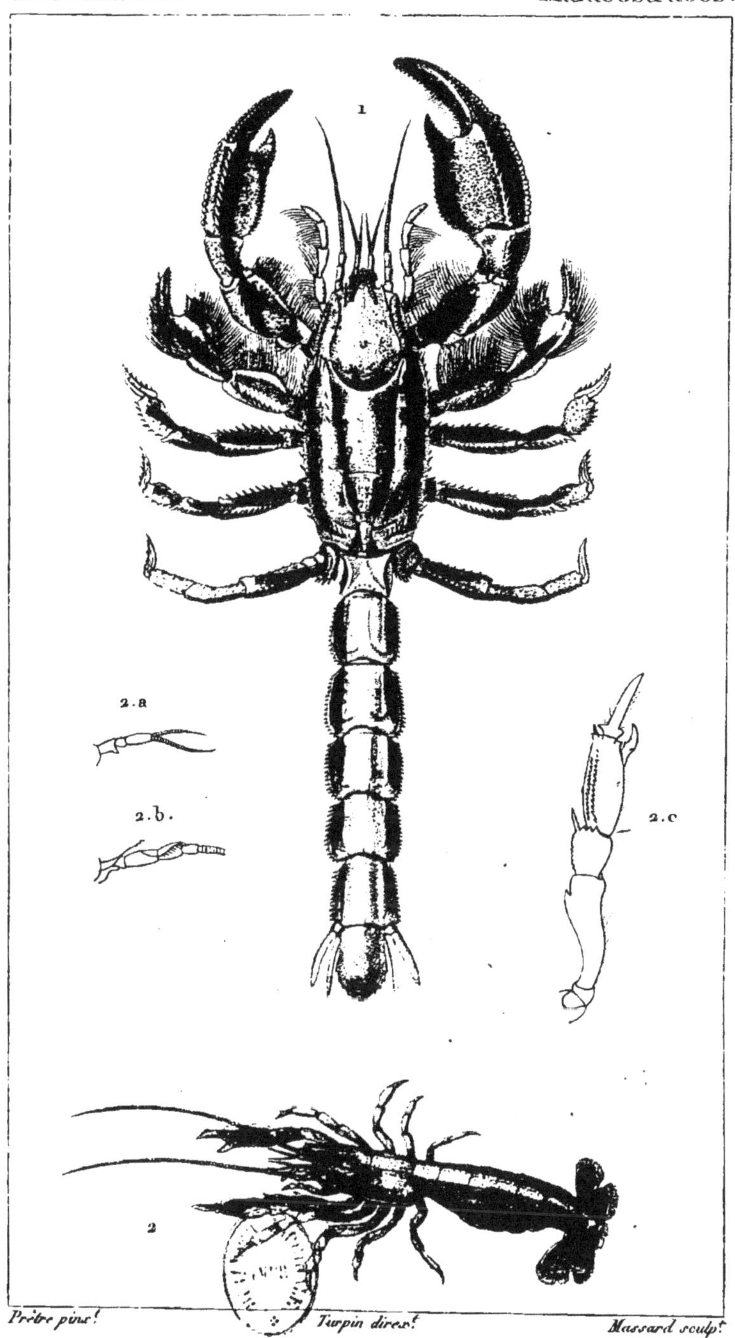

Prêtre pinx! Turpin direx! Massard sculp!

DÉCAPODES Macroures. 1. Thalassine *scorpionoïde*. 2. Gébie *étoilée*. 2.a. *Antenne intermédiaire*. 2.b. *Base d'une antne extérre* 2.c. *Pied de la 2de paire*.

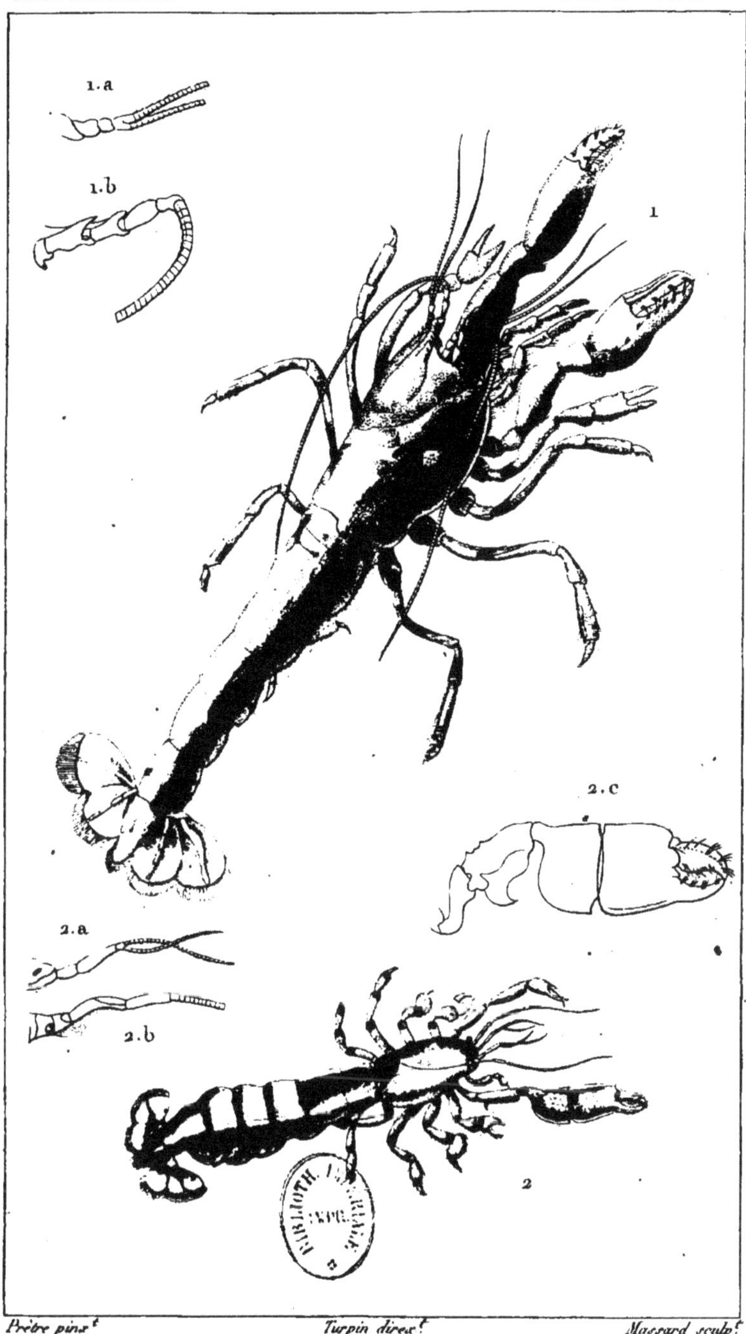

Prêtre pinx^t Turpin direx^t Massard sculp^t

DÉCAPODES Macroures.

1. Axie *stirhynque*.
1.a. *Antenne intermédiaire*. 1.b. *Antenne extérieure*.
2. Callianasse *souterraine*.
2.a. *Antenne intermédre*. 2.b. *Antne extérre*. 2.c. *Pince droite*.

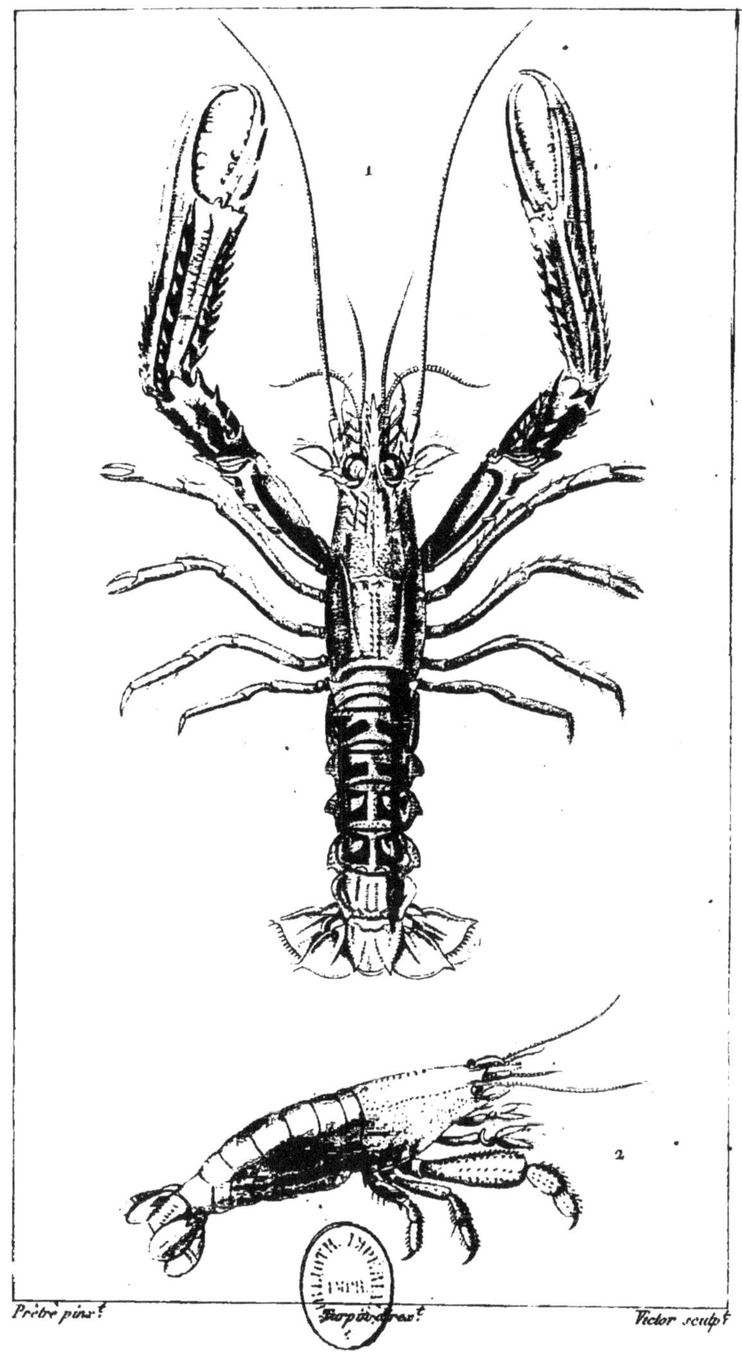

Prêtre pinx.t *Turpin direx.t* *Victor sculp.t*

DÉCAPODES { 1. Néphrops *de Norwège.*
Brachyures. { 2. Atie *épineuse.*

ZOOLOGIE.

CRUSTACÉS. Malacostracés.

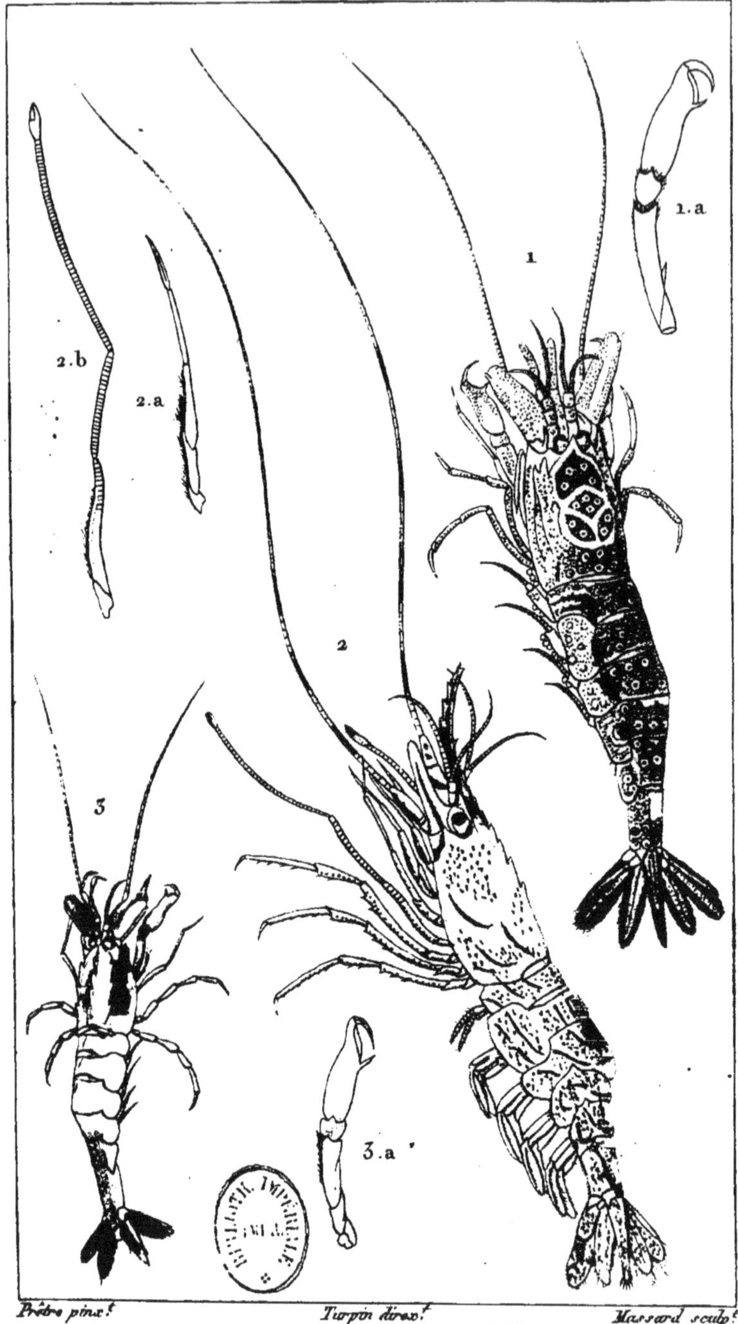

Prêtre pinx.t Turpin direx.t Massard sculp.t

DÉCAPODES Macroures.

1. Crangon *commun*. a *Pied de la 1.ère paire, grossi.*
2. Pandale *annulicorne*. a. *Pied de la 1.ère paire, sans pince grossi*. b *Pied gauche de la 2.ème paire*
3. Egéon *cuirassé*. a. *Pied gauche de la 1.ère paire, grossi.*

ZOOLOGIE.

CRUSTACÉS. Malacostracés.

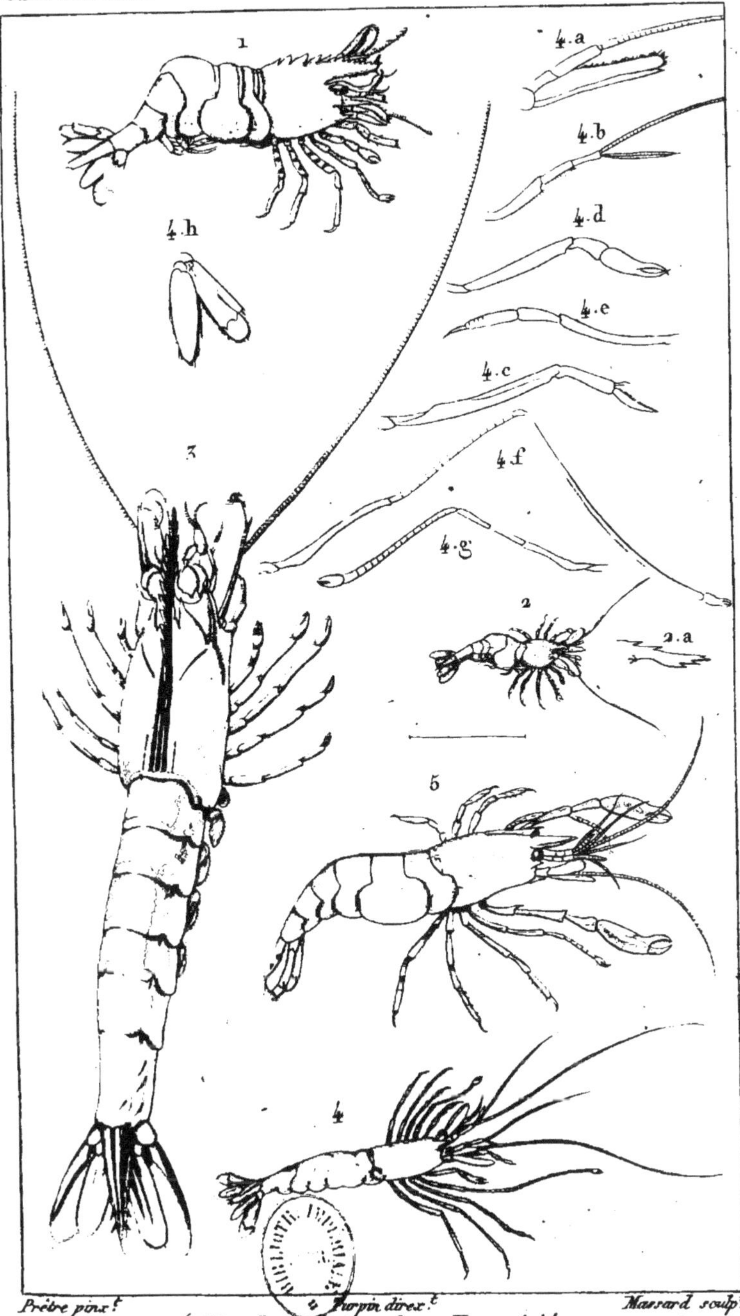

Prêtre pinx.t *Turpin direx.t* *Massard sculp.t*

DÉCAPODES Macroures.

1. Hippolyte *de Sowerby*. 2. H. *variable*. a. *son rostre*.
3. Penée *à trois sillons*. 4. Nika *cannelée*. a. *Base de l'antenne inférieure, grossie*. b. *Antenne supérieure*. c. *Pied-machoire ext.r droit*. d. *Pied droit de la 1.ere paire*. e. *Pied gauche de la 1.ere paire*. f. *Pied droit de la 2.eme paire*. g. *Pied gauche de la 2.eme paire*
5. Athanas *luisante, grossie*.

ZOOLOGIE.

CRUSTACÉS. Malacostracés.

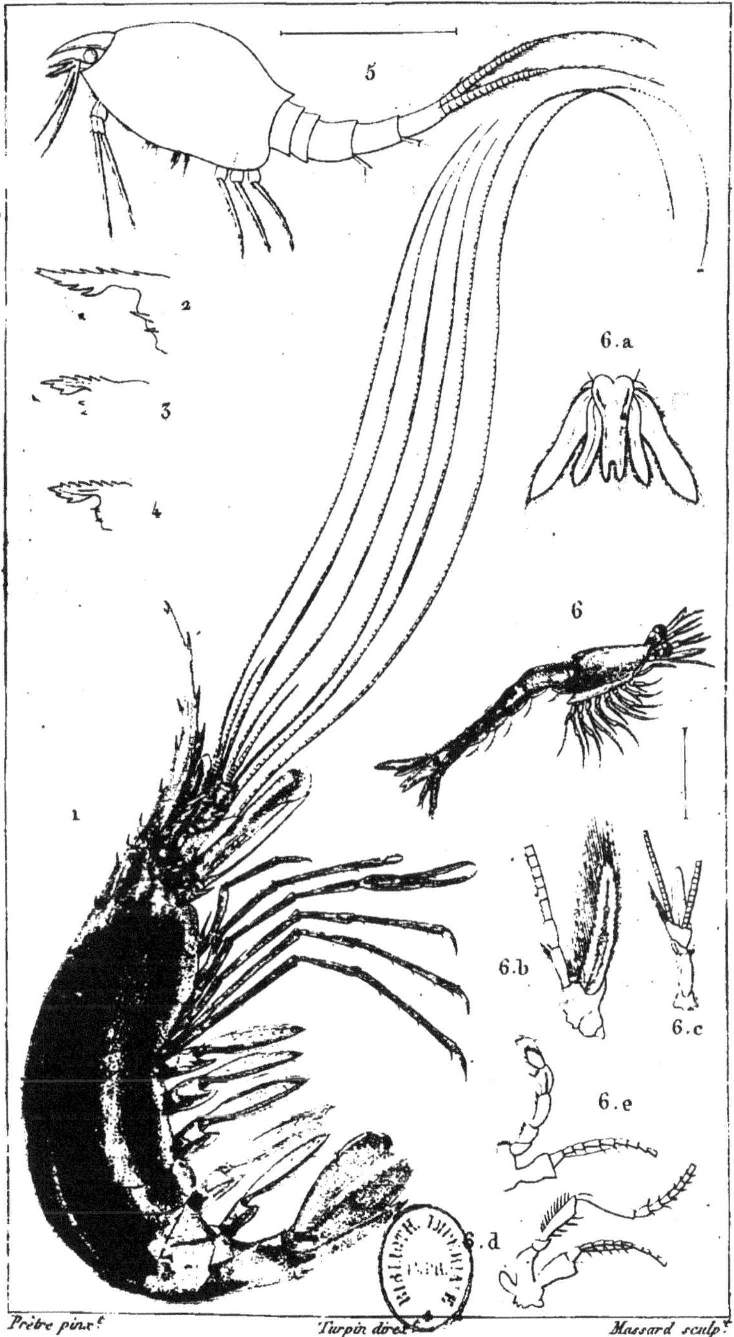

Prêtre pinx.t Turpin direx.t Massard sculp.t

DÉCAPODÉS Macroures.

1. Palémon *Porte-scie*. 2. *Rostre du Palémon Squille*. 3 et 4. *Rostres du Palémon variable*. 5. Nébalie *d'Herbst*. 6. Mysis *de Fabricius grossi*, a. *Le dernier anneau de son corps, ou sa nageoire terminale*. b. *Base d'une antenne latérale*. c. *Id. id. interméd.re* d. *Un des pieds-mach.res de la 2.de paire*. e. *Un des pieds de la 1.re*

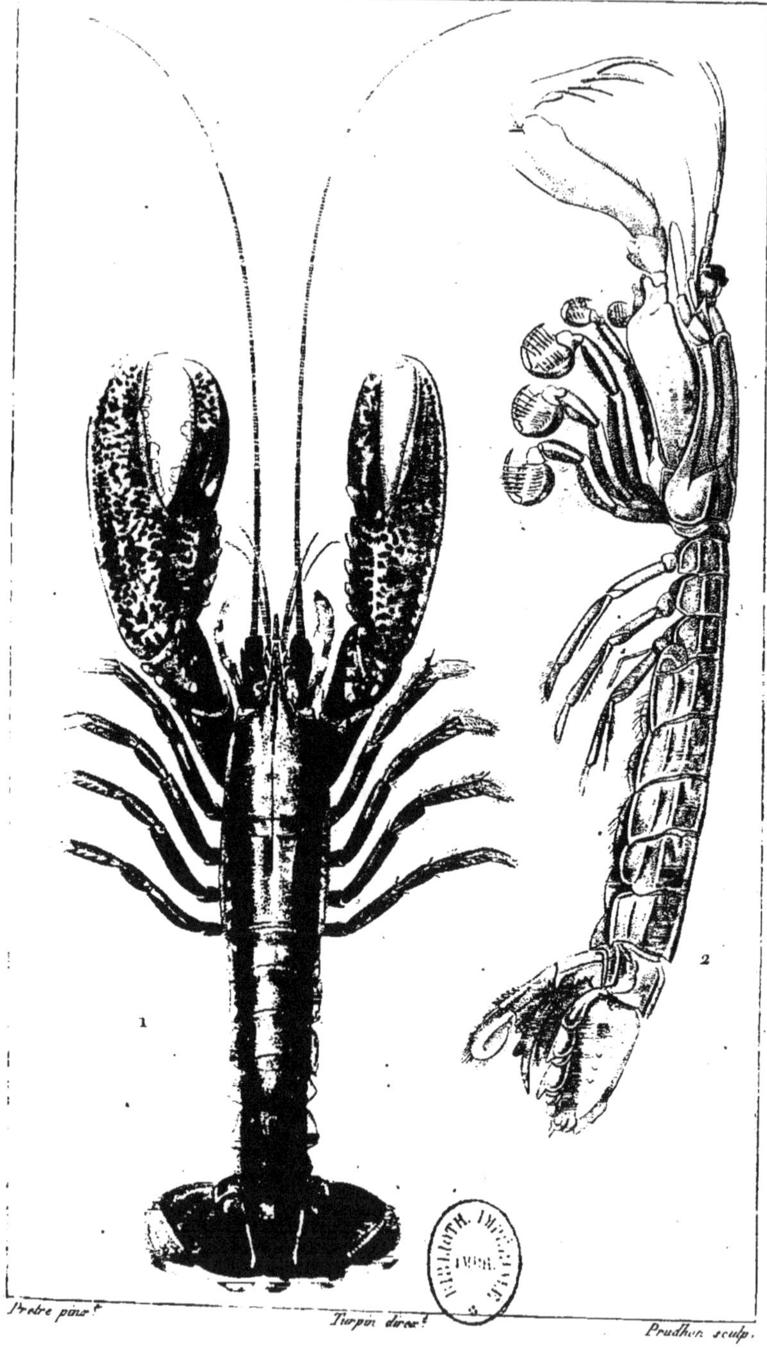

Pretre pinx.t *Turpin direx.t* *Prudhon sculp.*

1 MACROURES. Ecrevisse *Homard*.

2 ARTHROCEPHALES. Squille-*Mante*.

ZOOLOGIE.

CRUSTACÉS. Malacostracés.

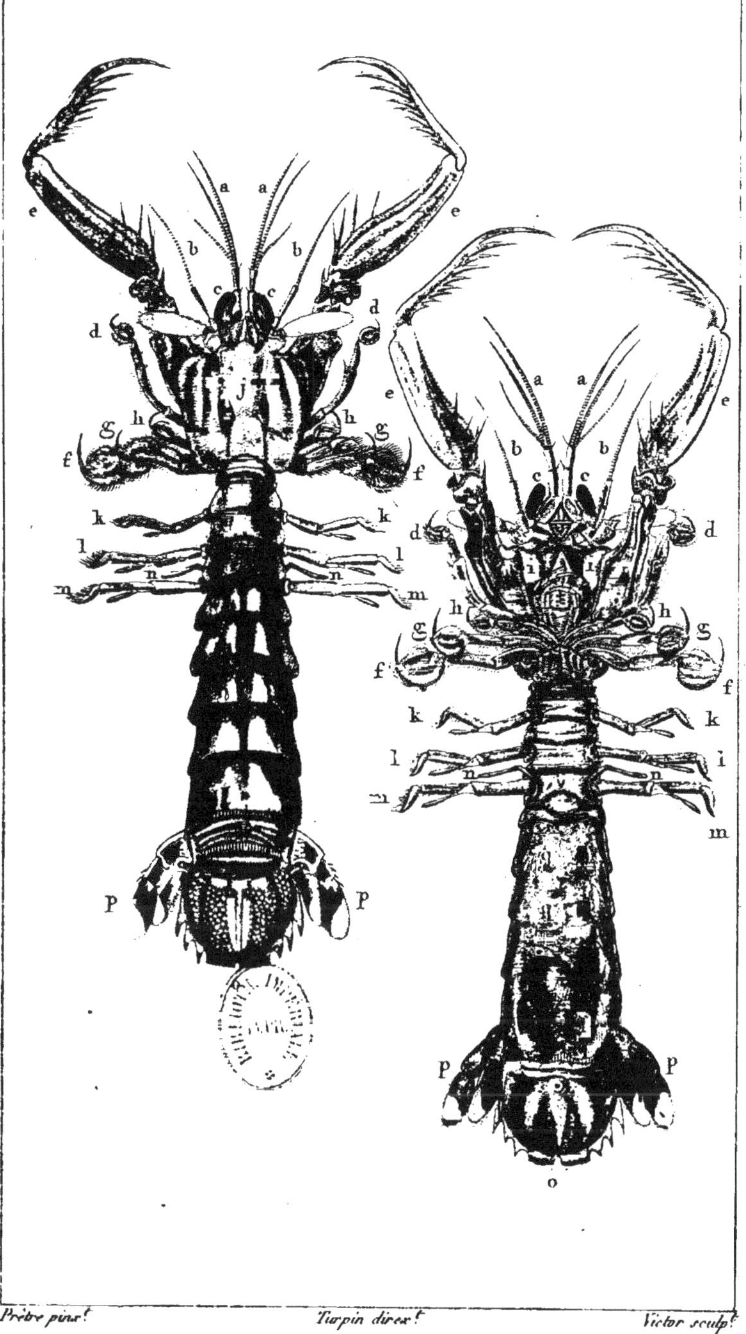

Prêtre pinx.t *Turpin direx.t* *Victor sculp.t*

STOMAPODES. { Squille *Queue-rude, en dessus et en dessous.*

a. *Antennes intermédiaires* b b. *Ant.nes extér.res* c c. *Yeux.* d d. *Pieds machoires de la 1.ere paire.* e e. *Pieds mach.res de la 2.de paire ou pinces.* f f. g g. h h. *Pieds mach.res des 3.e 4.e et 5.me paire.* i i. *Palpes mandibulaires.* j. *Carapace.* k k. l l. m m. *Pattes proprement dites.* n n. *Appendices propres aux mâles.* o. *Dernier seguement du corps.* p p. *Nageoires latér.les* q q. *Pieds nageoires.*

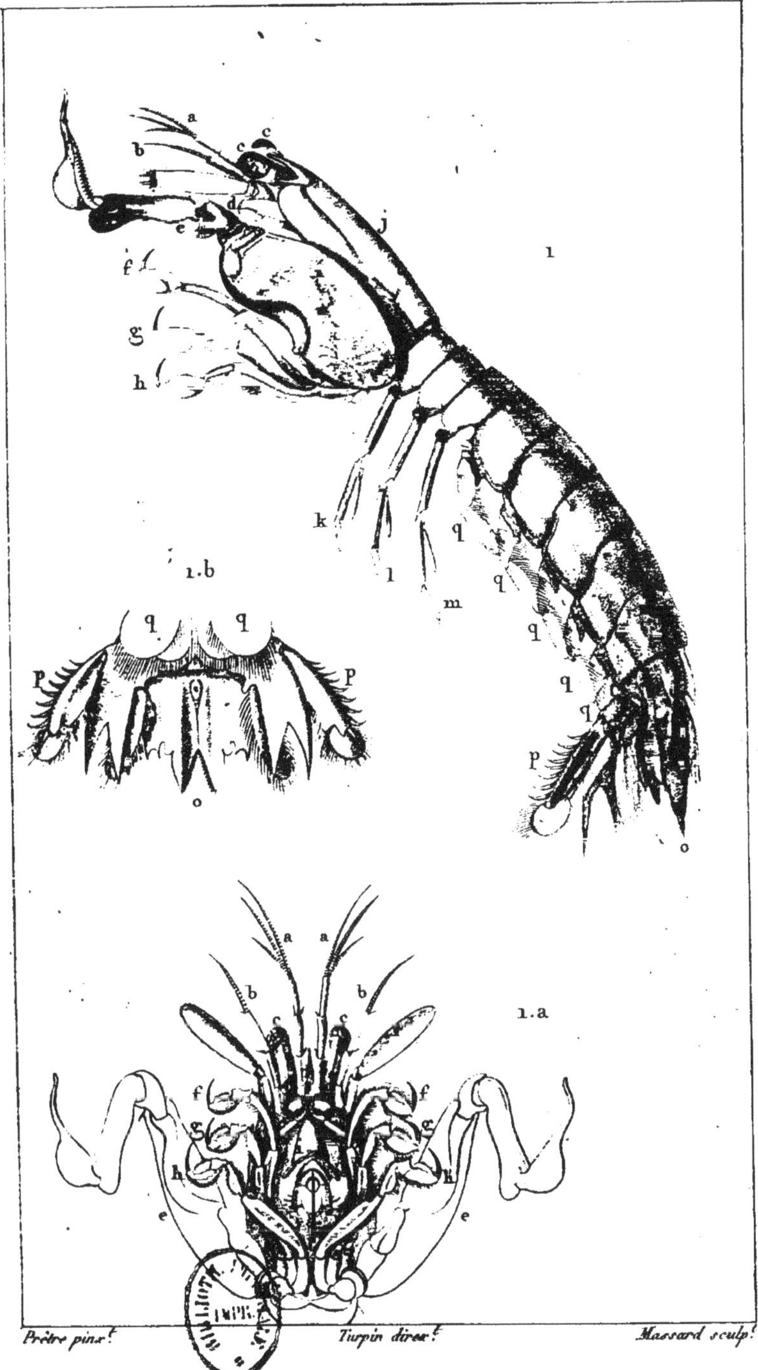

Prêtre pinx.t *Turpin direx.t* *Massard sculp.t*

STOMAPODES. 1. Squille *goutteuse, de profil.*
1.a. *Dessous de la tête.* 1.b. *dessous de la queue. (Voyez pour l'indication des parties, la planche précédente.)*

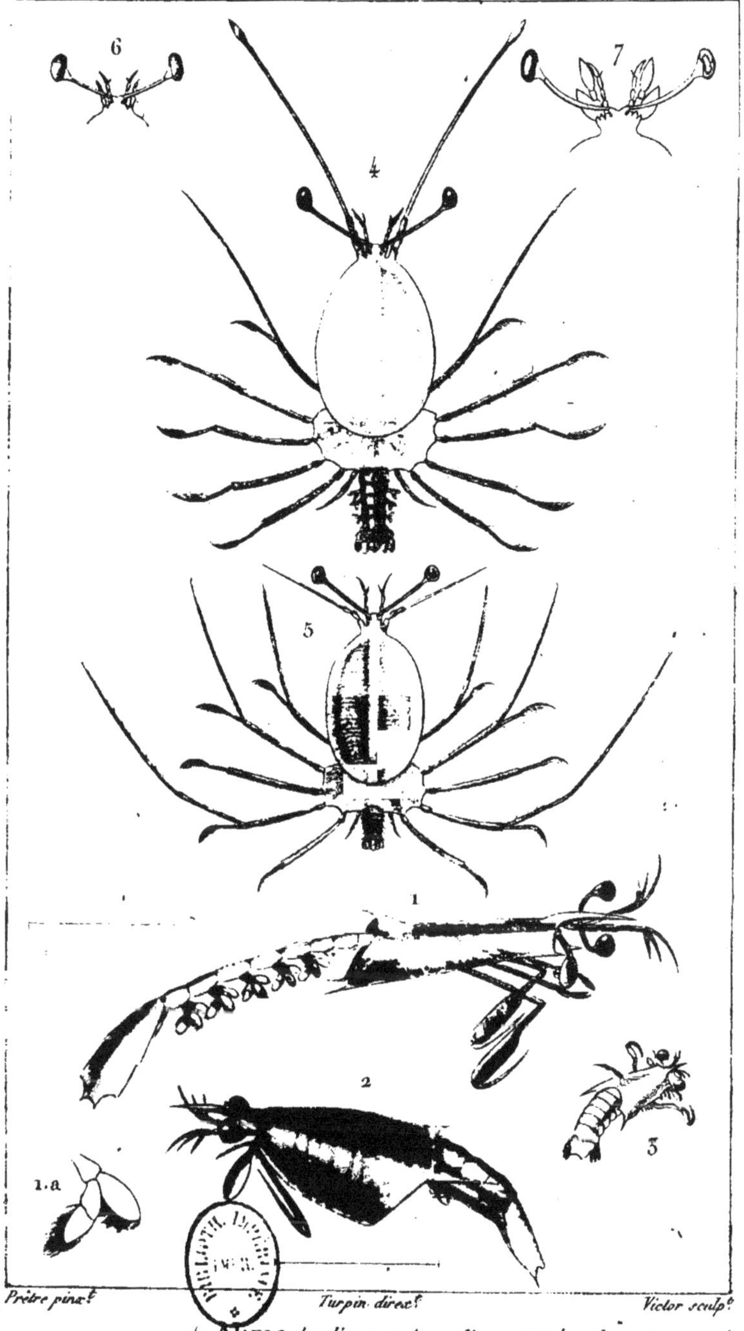

Prêtre pinx.t *Turpin direx.t* *Victor sculp.t*

STOMAPODES.

1. Alime *hyaline*. 1.a. *Appendice natatoire du ventre, grossi.*
2. Erichthe *vitré*. 3. E. *armé*. 4. Phyllosome *clavicorne*.
5. Phyl.me *commun*. 6. Phyl.me *brévicorne. (antennes et yeux.)*
7. Phyl.me *larges-cornes. (antennes et yeux.)*

ZOOLOGIE.

CRUSTACÉS. Malacostracés.

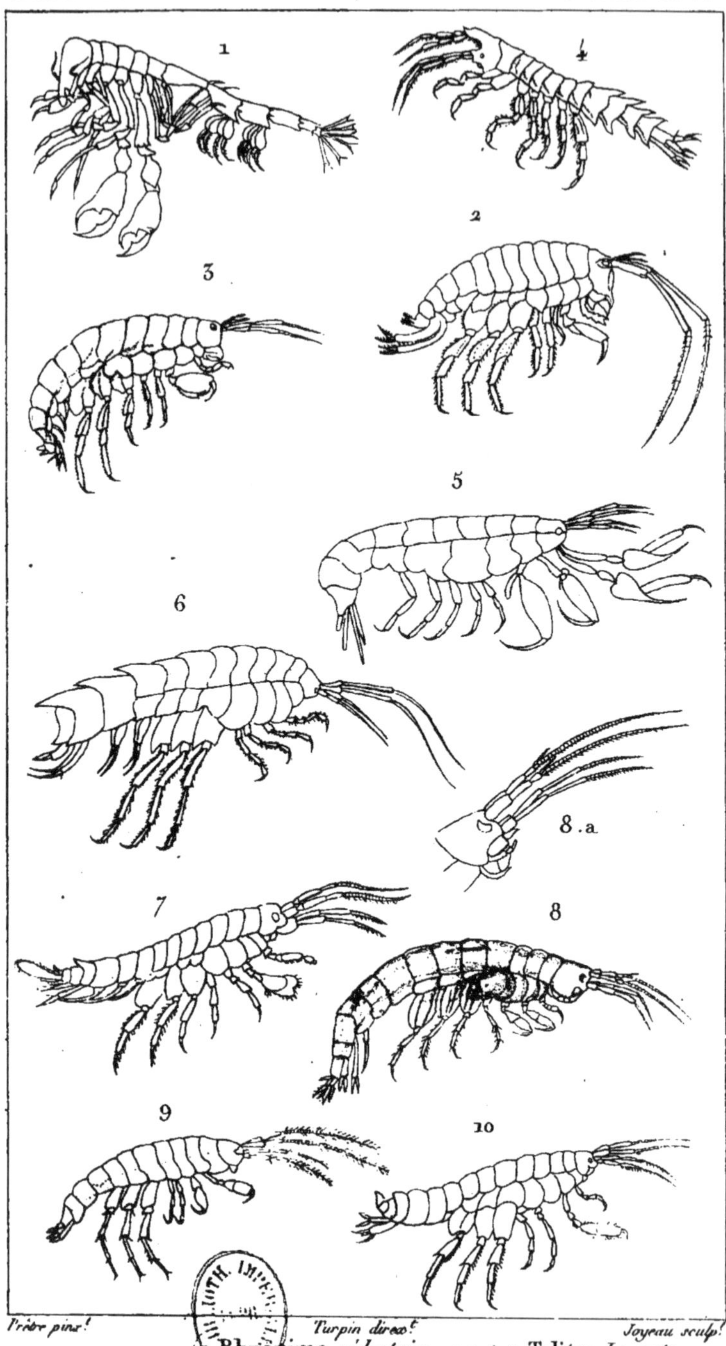

Prêtre pinx! Turpin direx.t Joyeau sculp!

AMPHIPODES.

1. Phronime *sédentaire, gr. nat.* 2. Talitre *Locuste, gross.*
3. Orchestie *littorale, gross.* 4. Atyle *caréné, gr. nat.*
5. Leucothoé *articulée, gross.* 6. Dexamine *épineuse, gross.*
7. Mélite *palmée, gross.* 8. Crevette *des ruisseaux, gross.*
8. a. *Tête et antennes de la même très-grossies.*
9. Amphithoé *rouge, gross.* 10. Phéruse *des Varecs. gross.*

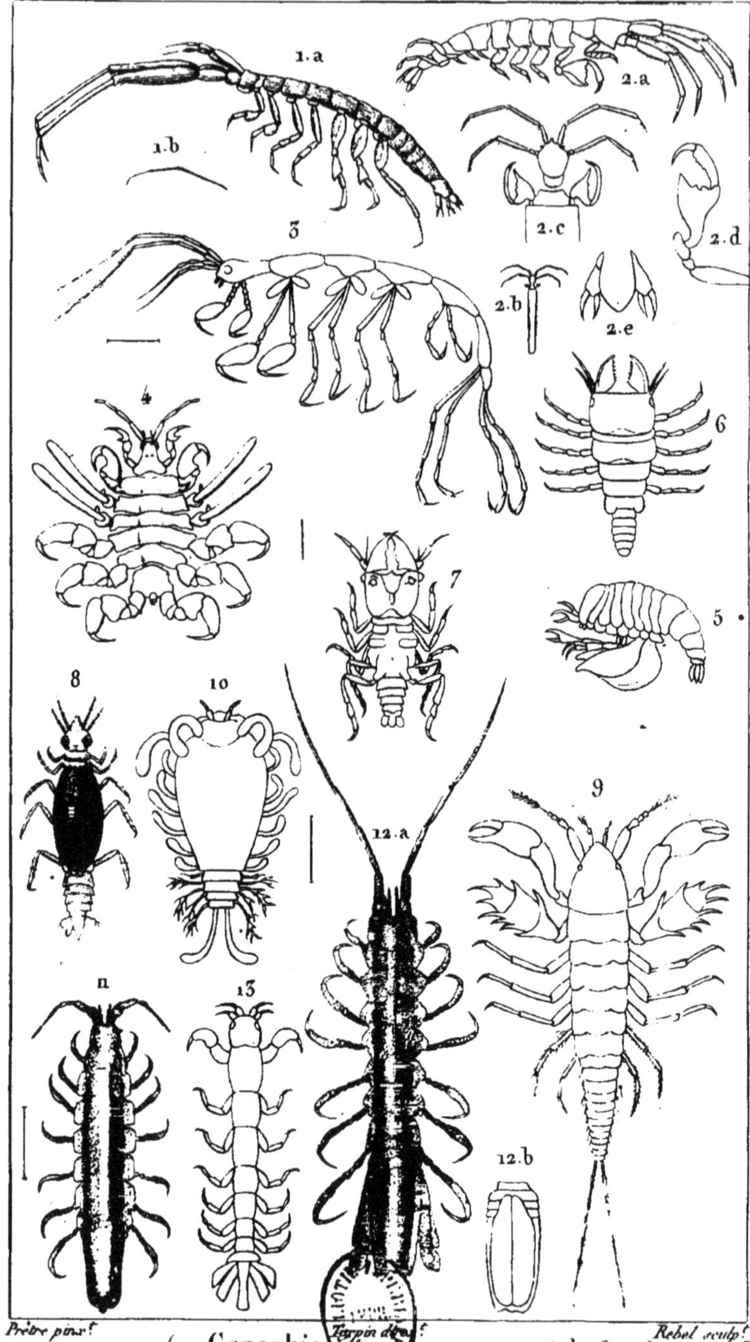

Prêtre pinx.t *Turpin dir.t* *Rebel sculp.t*

AMPHIPODES. 1 a. Corophie *à longues cornes, grossie.* b. *Grandeur naturelle.* 2. a. Cérapode *tubulaire, grossie.* b. *Grand.r nat.lle* c. *Tête gr.sie* d. *Patte de la seconde paire, grossie.* e. *Queue grossie.*

LAEMODIPODES. 3. Leptomère *pédiaire, grossie.* 4. Cyame *de la Baleine, grossi.*

ISOPODES. 5. Typhis *ovoïde gr.i* 6. Ancée *forficulaire.* 7. Ancée *maxillaire.* 8. Pranize *bleuâtre.* 9. Euphée *Taupe, grossi.* 10. Ione *thoracique, grossi.* 11. Idotée *tricuspide.* 12. Sténosome *linéaire, grand.r nat.lle* b. *Lames du dessous de l'abdomen.* 13. Anthure *grêle, grossi.*

ZOOLOGIE.

CRUSTACÉS. Malacostracés.

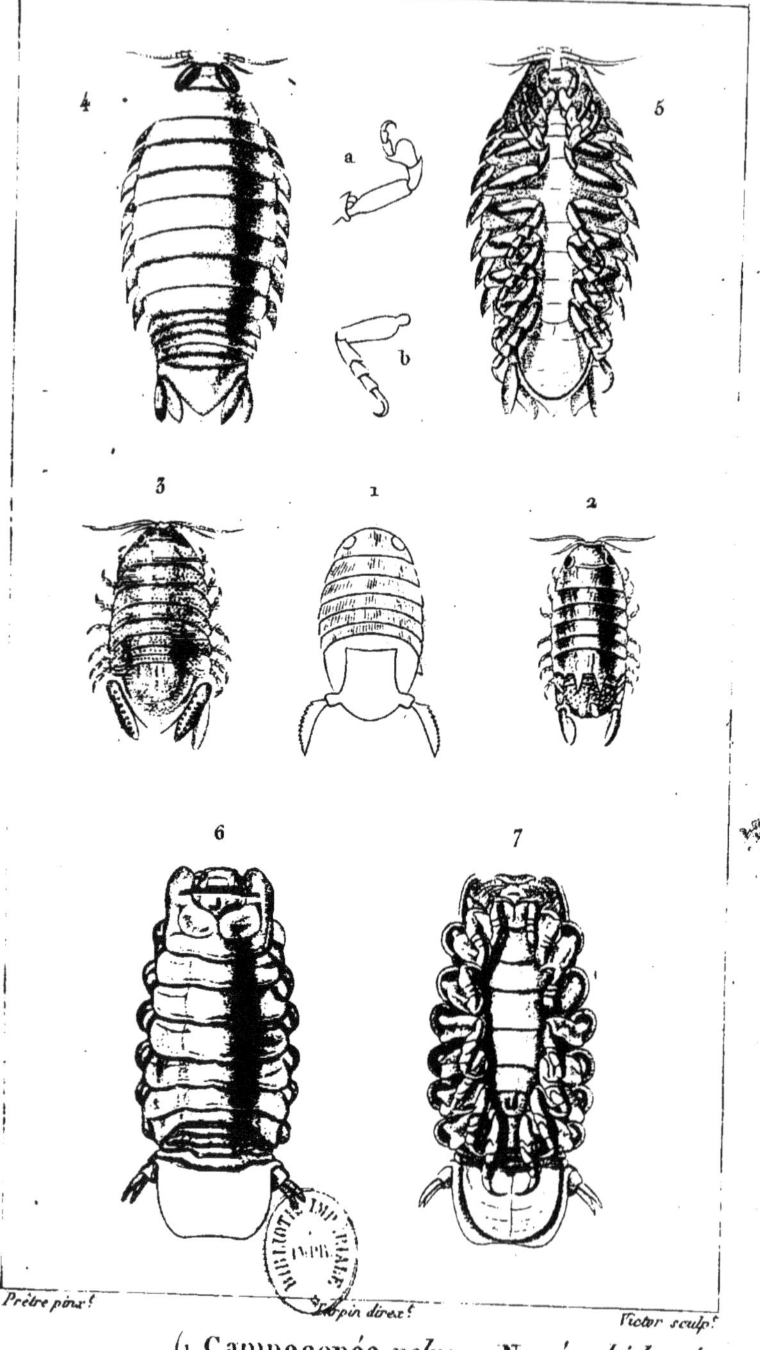

Prêtre pinx.t *Turpin direx.t* *Victor sculp.t*

ISOPODES.
1. Campecopée *velue*. 2. Nesée *bidentée*.
3. Sphérome *denté*. 4 et 5. Æga *entaillée*,
en dessus et en dessous de grandeur naturelle.
a. *Patte antérieure*. b. *Patte postérieure*.
6 et 7 Cymothoé *Oestre*.

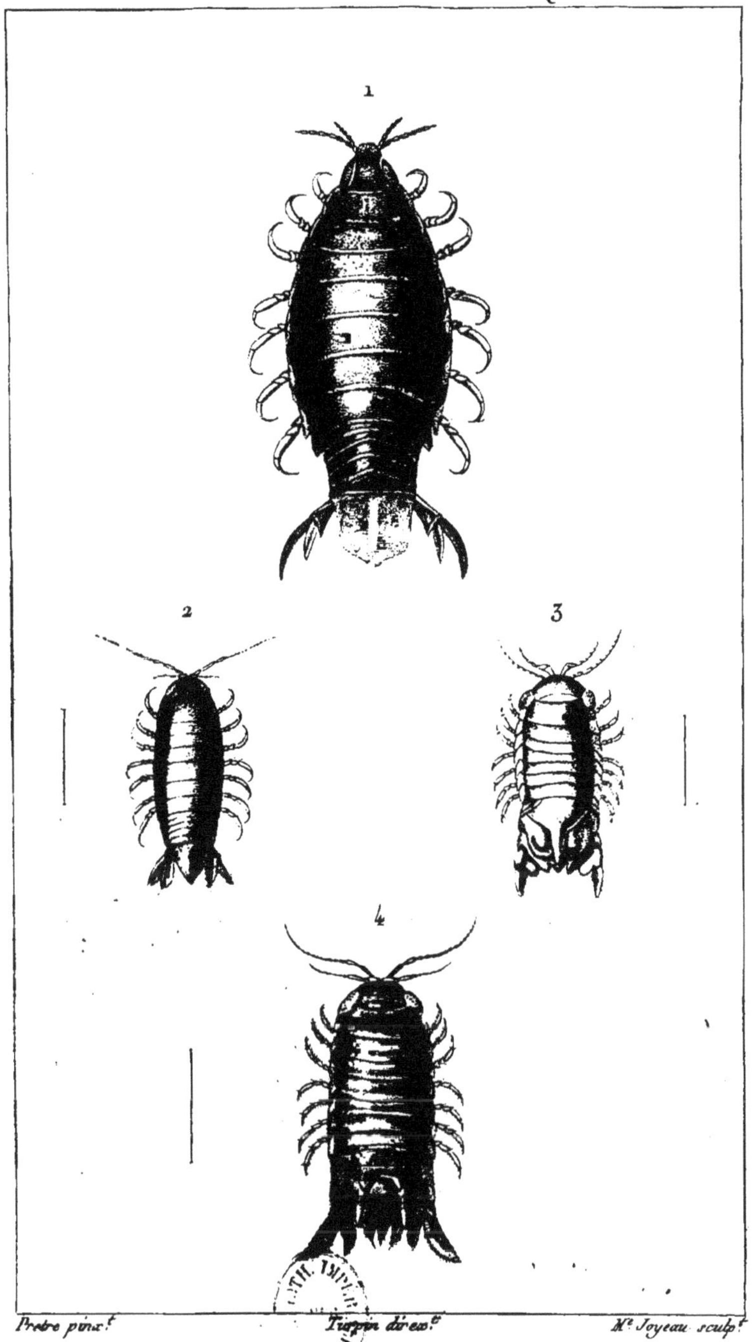

Prêtre pinx.t Turpin direx.t M.e Joyeau sculp.t

1. ANILOCRE du Cap.
2. NELOCIRE de Swainson.
3. CILICÉE de Latreille.
4. CYMODOCE de Lamarck.

ZOOLOGIE.

CRUSTACÉS. Malacostracés.

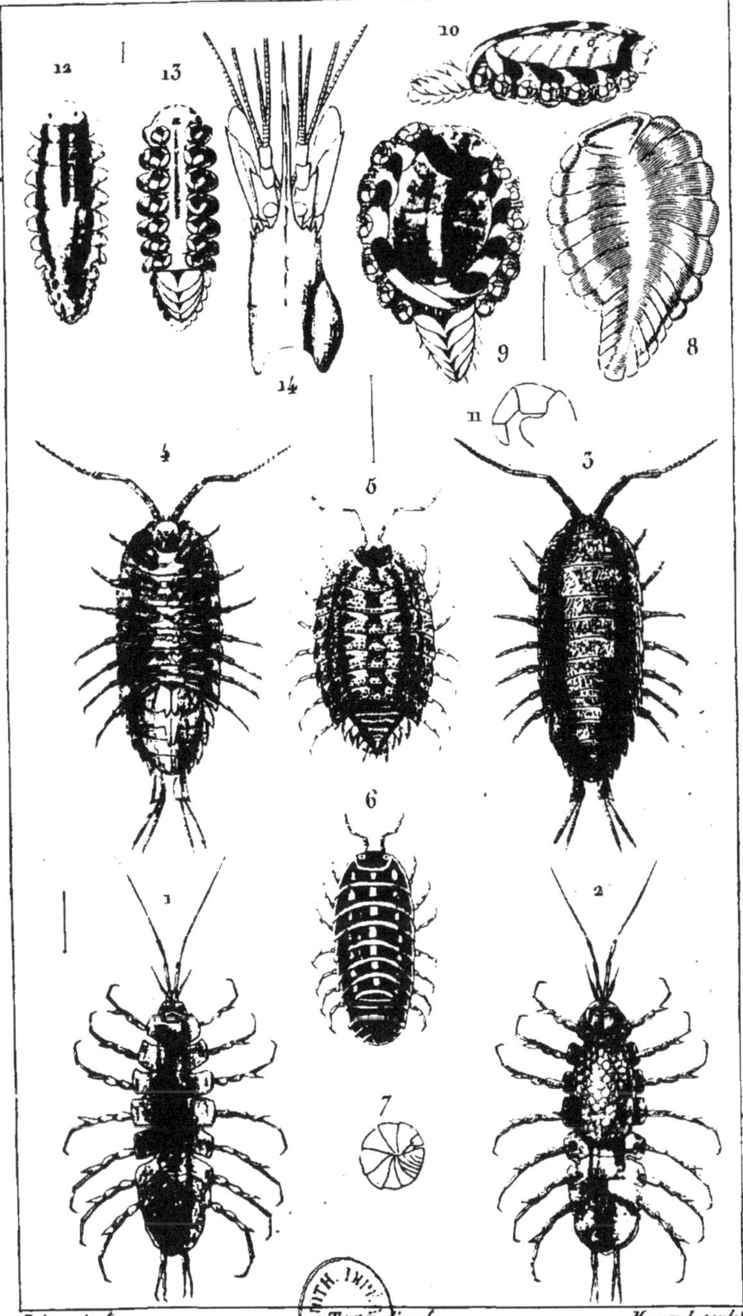

Prêtre pinx.t *Turpin direx.t* *Massard sculp.t*

ISOPODES.

1 et 2 Aselle *d'eau douce femelle, grossie, en dessus et en dessous.*
3 et 4. Ligie *océanique de grand.r nat.lle en dessus et en dessous.*
5. Cloporte *Aselle.* 6 et 7. Armadille *pustulé.* 8. Bopyre *des crevettes femelles, en dessus, grossi.* 9. *Le même en dessous.*
10. *Le même vu de profil.* 11. *Une des pattes très grossie.* 12 et 13. *Petit individu considéré comme le mâle, très grossi, en dessus et en dessous.*
14. *Carapace de Palémon déformée à droite, par la présence d'un Bopyre.*

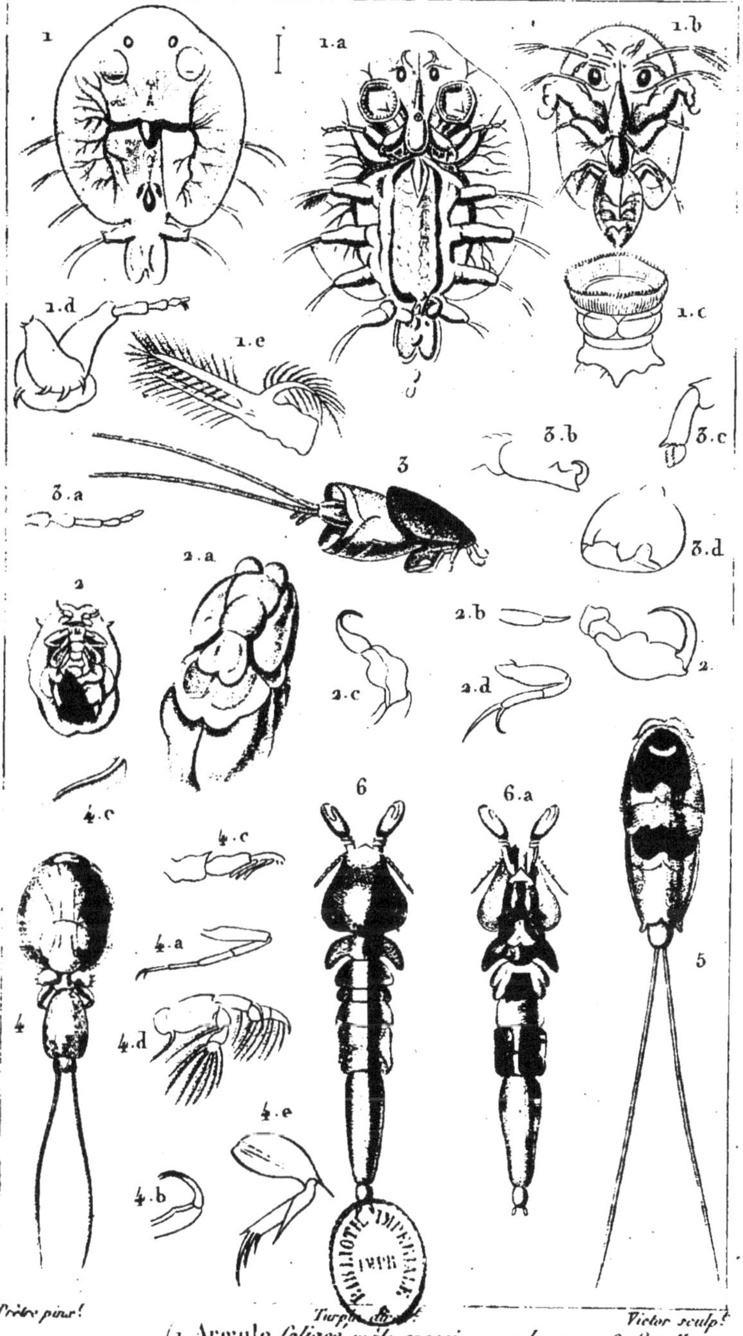

Prêtre pinx.t Turpin direx.t Victor sculp.t

PŒCILOPES.

1. Argule foliacé mâle, grossi, vu en dessus. a. Sa femelle, vue en dessous. b. Têtard au sortir de l'œuf. c. Ventouse des pieds de devant. d. Patte à crochets située après les vent.res e. Patte natatoire de la 1.ère paire. 2. Cécrops de Latreille, mâle en des.ous a. Fem.lle en des.sus b. Antenne. c. Patte de la 1.ère p.re d. Id. de la 2.de p.re e. Id. de la 3.e p.re 3. Anthosome de Smith. a. Ant.ne b. Patte de la 1.e p.re c. Id. de la 2.de p.re d. Id. de la 3.e p.re 4. Calige de Muller. a. Patte de la 2.de p.re b. Id. de la 3.e p.re c. Id. de la 4.e p.re d. Id. de la 5.e p.re e. Id. de la 7.e p.re 5. Pandare bicolore, vu en dessus. 6. Dichelestion de l'Esturgeon ..., vu en dessus. a. Le même, vue en dessous.

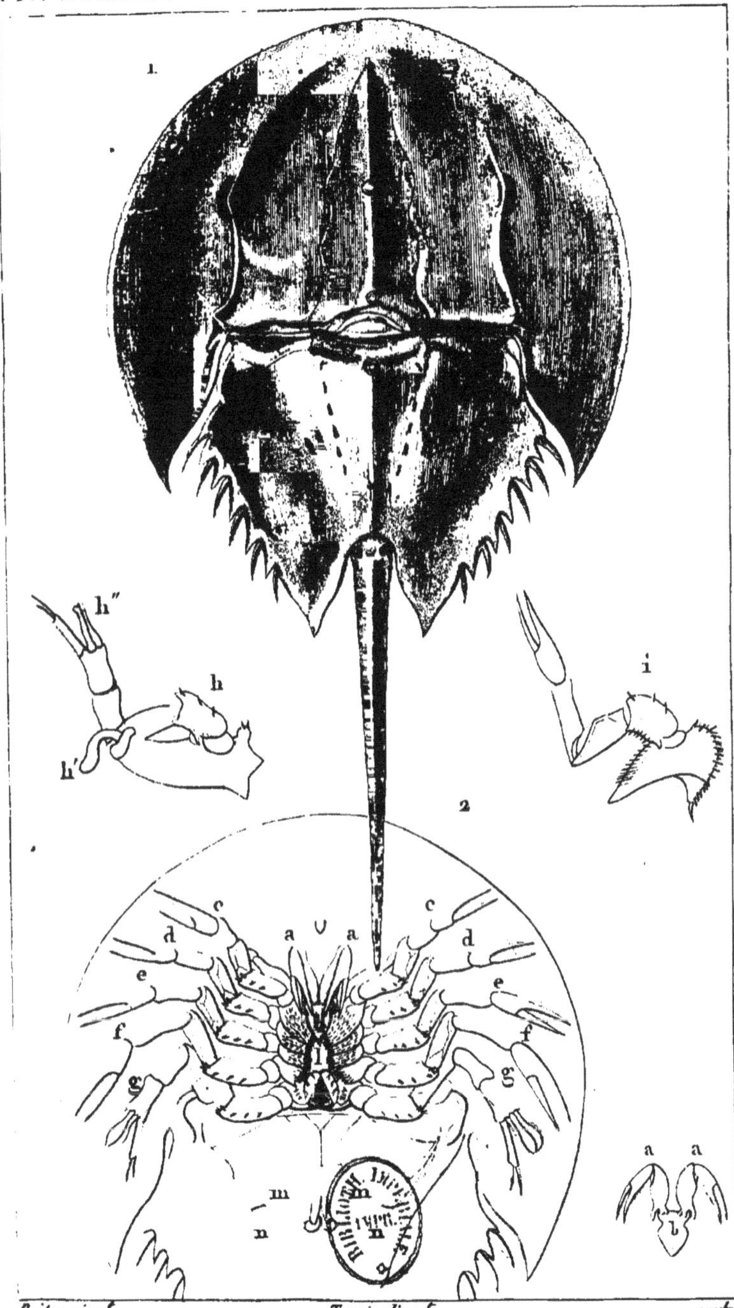

Prêtre pinx.t *Turpin direx.t* *sculp.t*

POECILOPES.

1. Limule *polyphème. Vu en dessus.* 2 *Le même vu en dessous.*
a.a. *Appendices en forme de pinces. (palpes Cuv. mandibules succédanées Savig.) insérées sur un labre* b. c,d,e,f,g. *Dix longues pattes terminées en pince dont les hanches épineuses serv.nt de machoires.* h. *Dernière longue patte pourvue d'une division* h′. *en languette et de quatre digi-tations mobiles à la base de la pince* h″. i. *Patte de la 1.re paire.* k. *Lèvre inférieure.* l. *Pharynx.* m,n. *Feuillets recouvrant les branchies.*

ZOOLOGIE.

CRUSTACÉS. **Entomostracés.**

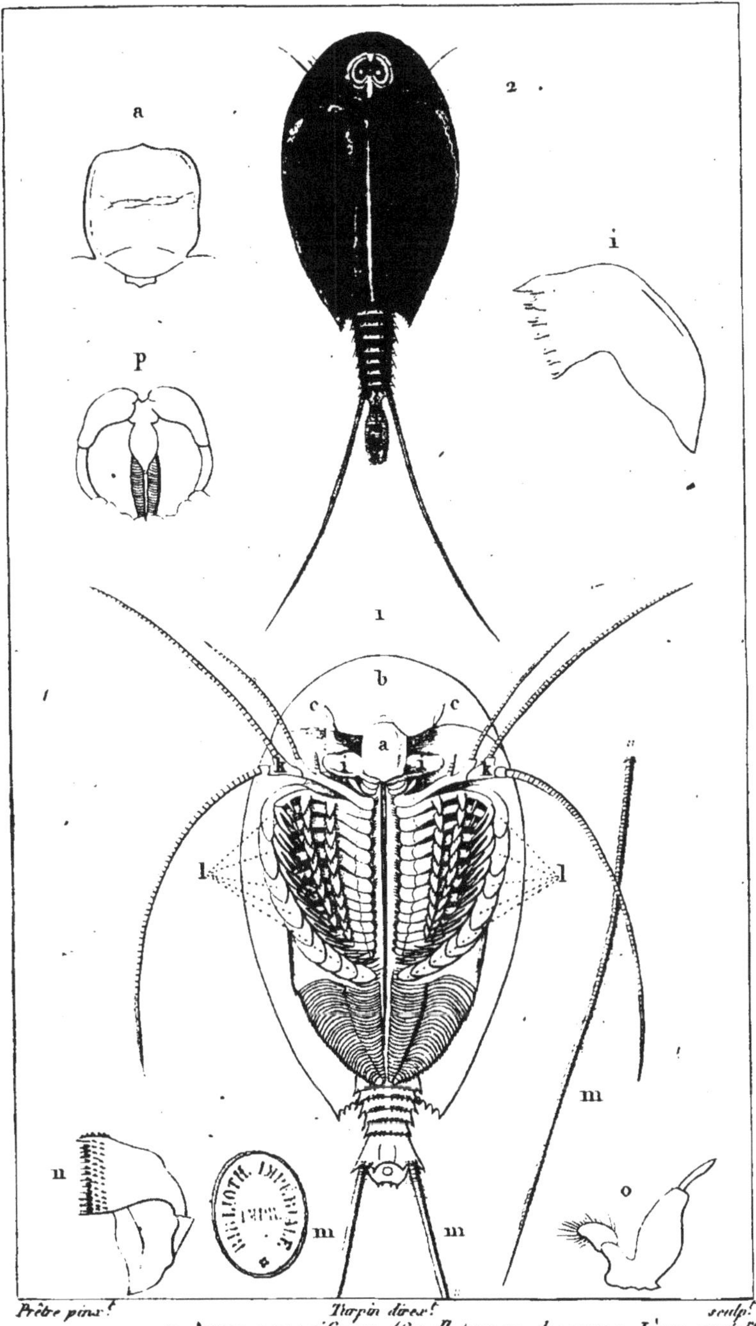

Prêtre pinx.t Turpin direx.t sculp.t

PHYLLOPES.
1. Apus *canriforme (femelle) vu en dessous.* a *Lèvre supér.re* b. *Chaperon.* c, c *Antennes.* i, i *Mandibules.* k, k *Pattes rameuses de la 1.ère paire.* l, l *Pattes branchiales.* m, m *Filets de la queue.* n. *1.ère machoire à lame ciliée et dentée.* o. *2.me Machoire.* p *Langue bifide à laquelle on remarque un canal cilié qui conduit droit à l'œsophage.*
2. Lepidure *prolongé vu en dessus.*

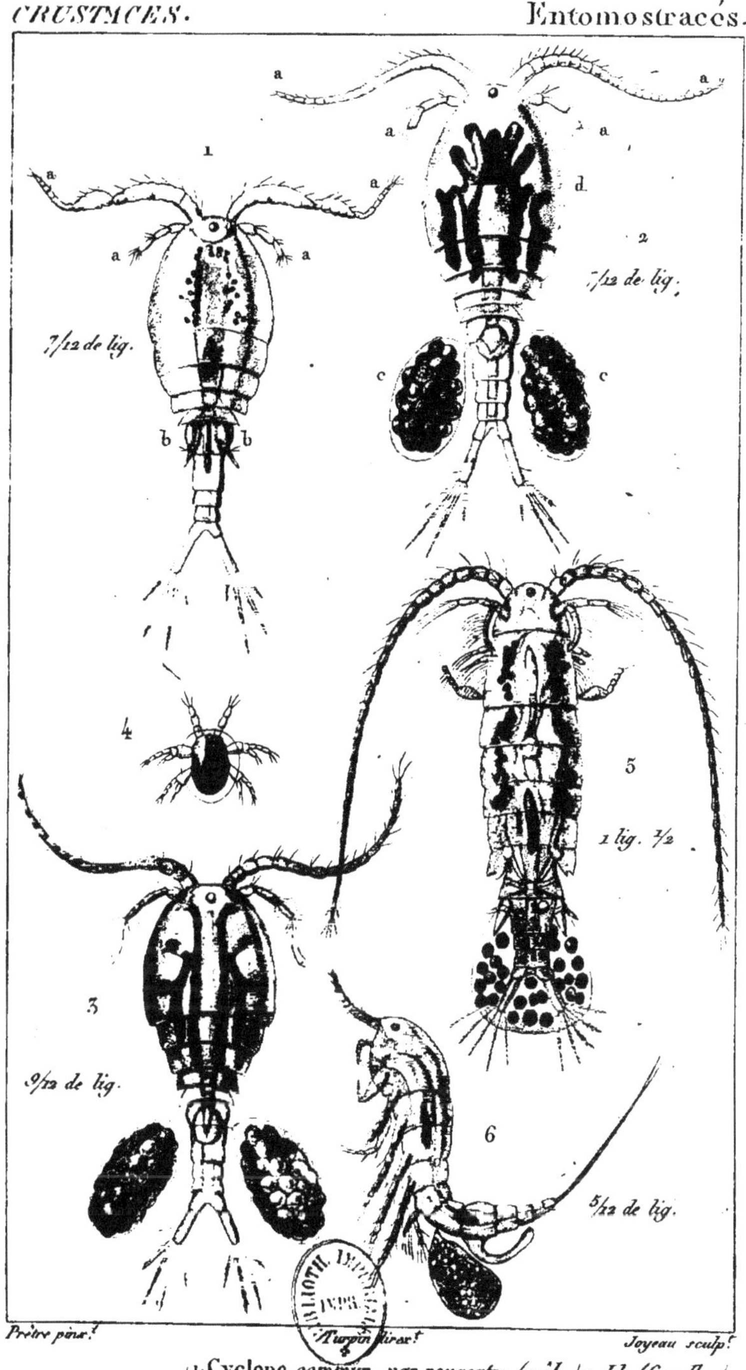

Prêtre pinx.t Turpin direx.t Joyeau sculp.t

LOPHYROPES.

1. Cyclope *commun, var. rougeatre (mâle.)* 2. *Id. (femelle.)*
a, a. *Antennes.* b, b. *Organes sexuels du mâle.* c, c. *Bourses ovifères externes des femelles.* d, d. *Ovaires internes.* 3. *Id. var. verte, (fem.le)* 4. *Jeune individu de cette variété.*
5. Cyclope *castor, (femelle.)*
6. Cyclope *staphylin. (femelle.)*

CRUSTACÉS. Entomostracés.

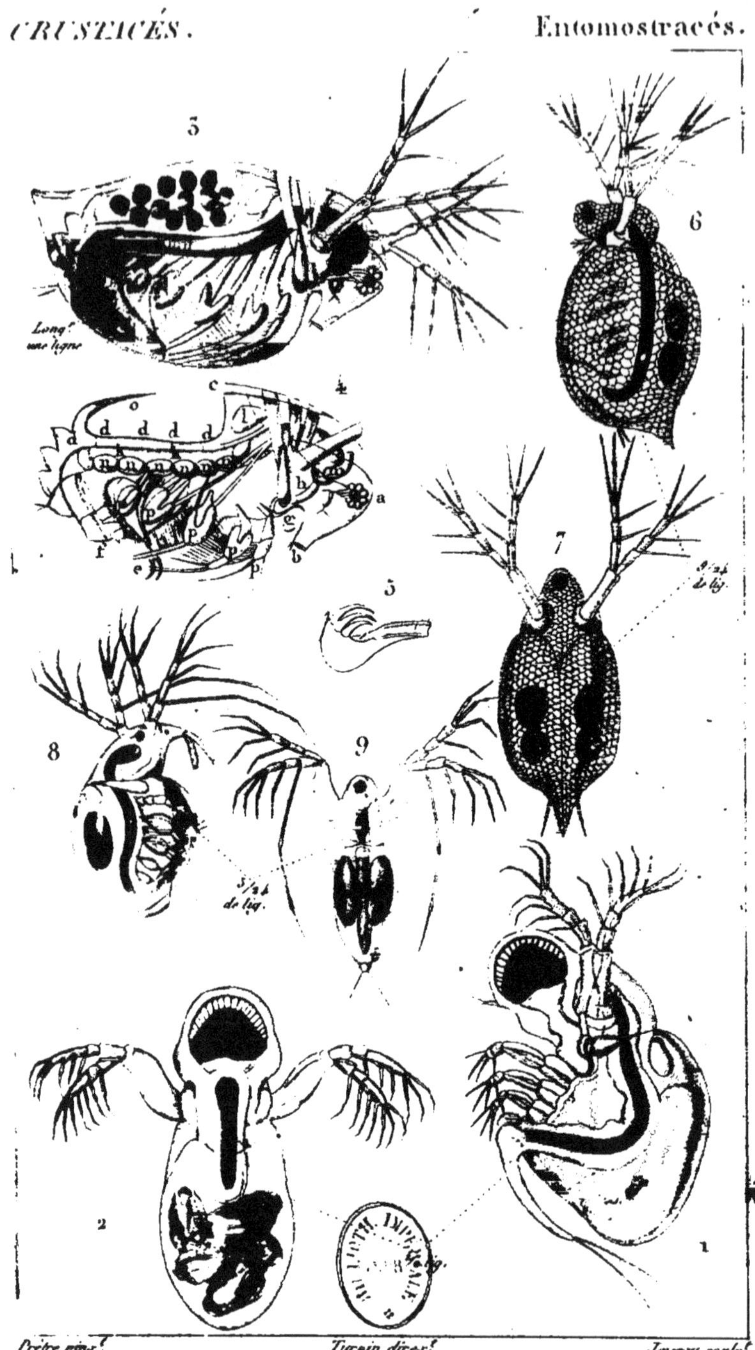

Prêtre pinx.t *Turpin direx.t* *Jouvon sculp.t*

LOPHYROPES.

1. Polyphème *des étangs. Vu de profil.* 2. *Id. Vu en dessus.*
3. Daphnie *puce. Vue de profil.* 4. *La même dépourvue de son têt.*
a. *L'œil.* b. *Le bec.* c. *Le talon du dos.* d.d.d.d. *Articulations du corps.*
e. *Extrémité du corps avec ses crochets.* f. *Anus.* g. *La bouche.*
h. *L'œsophage.* i. *L'estomac.* k.k. *L'intestin.* l. *Le cœur.* m. *Cœcum.*
n.n.n.n. *Ovaire droit.* o. *Cavité dorsale où sont placés les œufs.*
p.p.p.p. *Les paires de membres inférieurs.* 5. *Machoire droite.*
6. Daphnie *quilachée. De prof.* 7. *Id. sur le dos.* 8. Lyncée *rose. De prof.* 9. *Id. vu par le dos.*

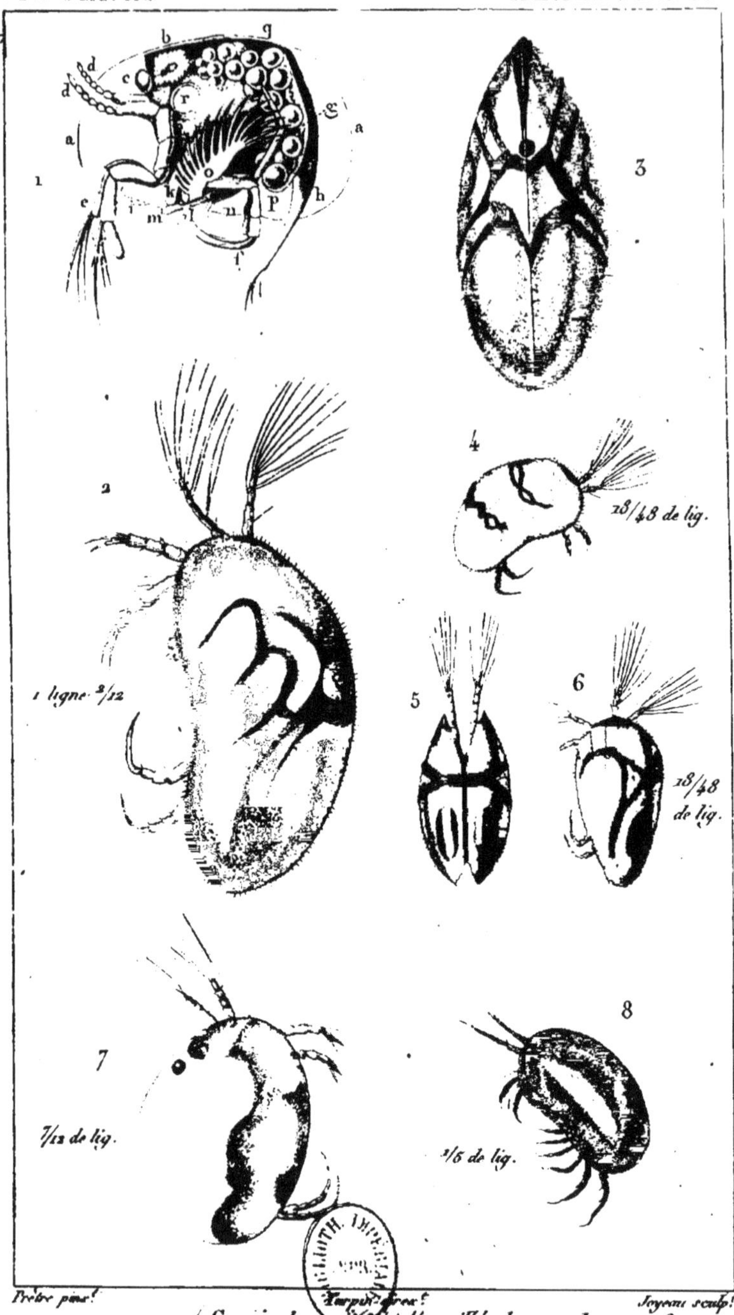

Prêtre pinx. *Turpin direx.* *Joyeux sculp.*

OSTRAPODES. 1. Cypris *brune* [illegible] *dépouillée de ses valves.* a,a. *Contour des valves.* b. *Origine de la membrane qui les double.* c. *Œil.* d,d. *Antennes dépourvues de soies.* e. *Pieds de la 1re paire.* f. *Id. de la 2me paire.* g. *Id. de la 3eme paire.* h. *Queue.* i. *Labre.* k. *Mandibule.* l. *Palpe.* m. *Machoire de la 1re paire.* n. *Id. de la 2e pre.* o. *Branchie.* p, q. *Portion postérieure de l'ovaire gauche.* r. *Insertion du vaisseau regardé comme le testicule.* 2 et 3. Cypris *ornée, vue de profil et en dessus.* 4. Cs. *veuve, vue de prof.* 5 et 6. Cs. *à une bande, vue en dessus et de prof.* 7. Cs. *religieuse, de prof.* 8. Cythérée *jaune, de profil.*

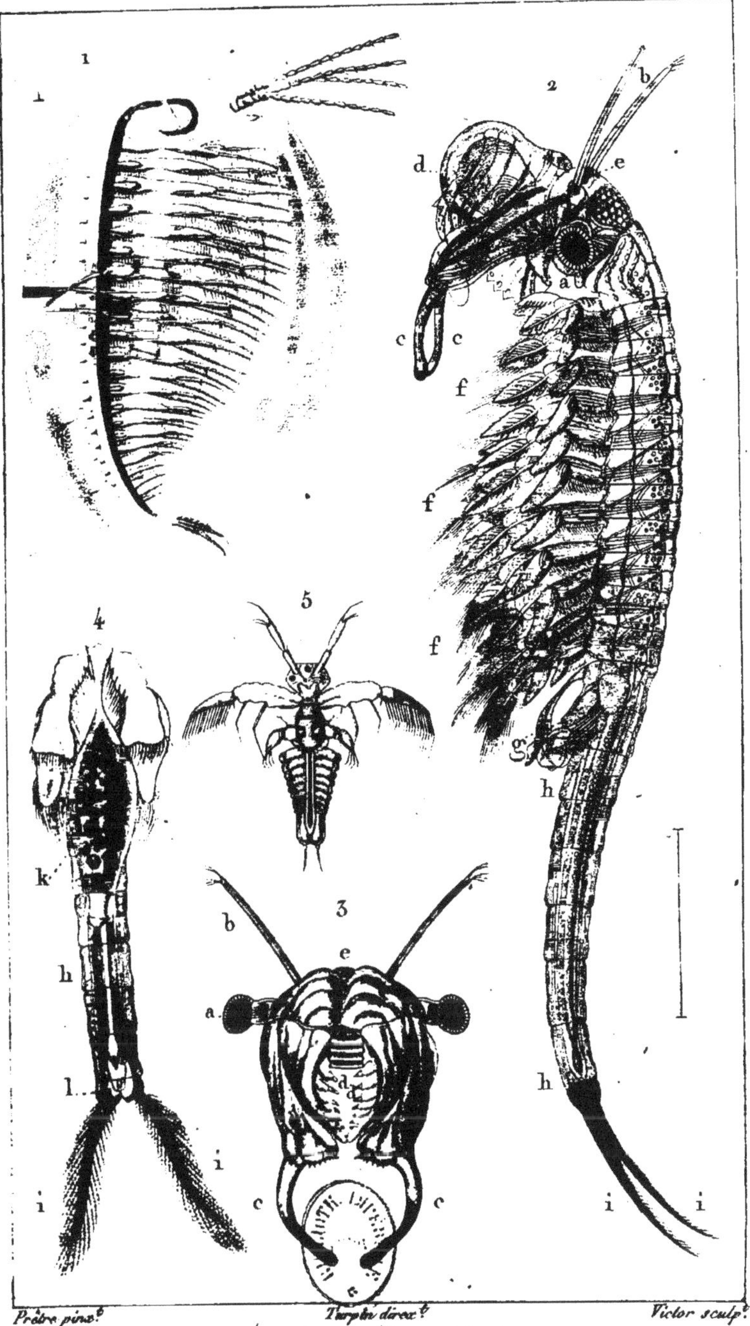

Prêtre pinx.t *Turpin direx.t* *Victor sculp.t*

LOPHYROPES. { 1. Limnadie *d'Hermann.*

BRANCHIOPODES. { 2. Branchipe *des marais. (mâle.)* a a *Yeux à réseau.* b. *Antennes.* c c. *Cornes mandibuliformes.* d d. *Tentacules en forme de trompes, mobiles et enroulés en spirale.* e. *Œil simple, rudiment.re* f f f. *Pattes natatoires.* g. *Verges.* h h. *Queue.* i i. *Filets terminaux de la queue.* 3. *Tête vue de face et en dessous.* 4. *Queue d'une fem.le* k. *Poche cont.ant les œufs.* l. *Vulve.* 5. *Jeune* Branchipe *après la 1.ere mue.*

ZOOLOGIE.

CRUSTACÉS. *Fossiles.* Trilobites.

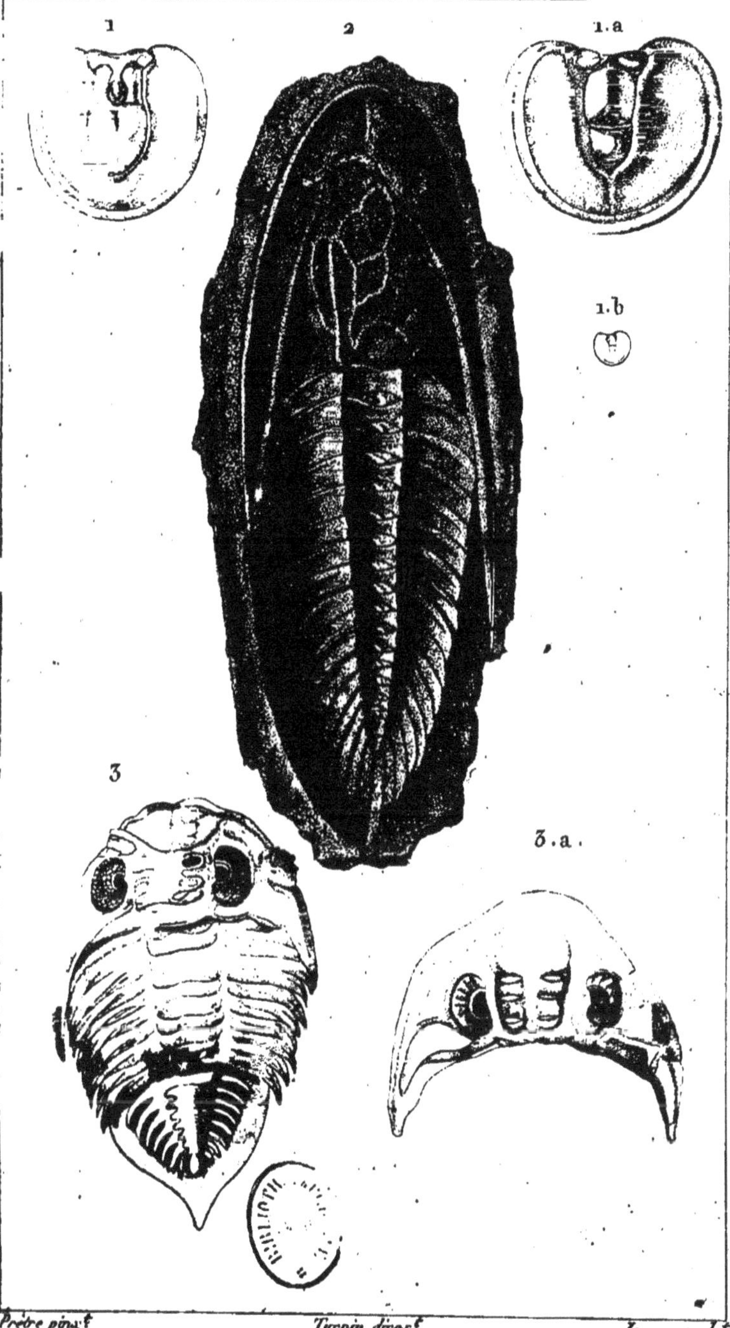

Prêtre pinx.t *Turpin direx.t* *Joyeau sculp.t*

1. AGNOSTE pisiforme. *(Brong) var. A.* 1.a *Id. var. B.* 1.b *Id. de Grand. nat.le*

2. OGYGIE de Guettard. *(Brong.) de Grandeur nat. vu en dedans.*

3. ASAPHE caudigère. *(Brong.) étendu et vu en dessus.* 3.a *Id. le chaperon et les yeux.*

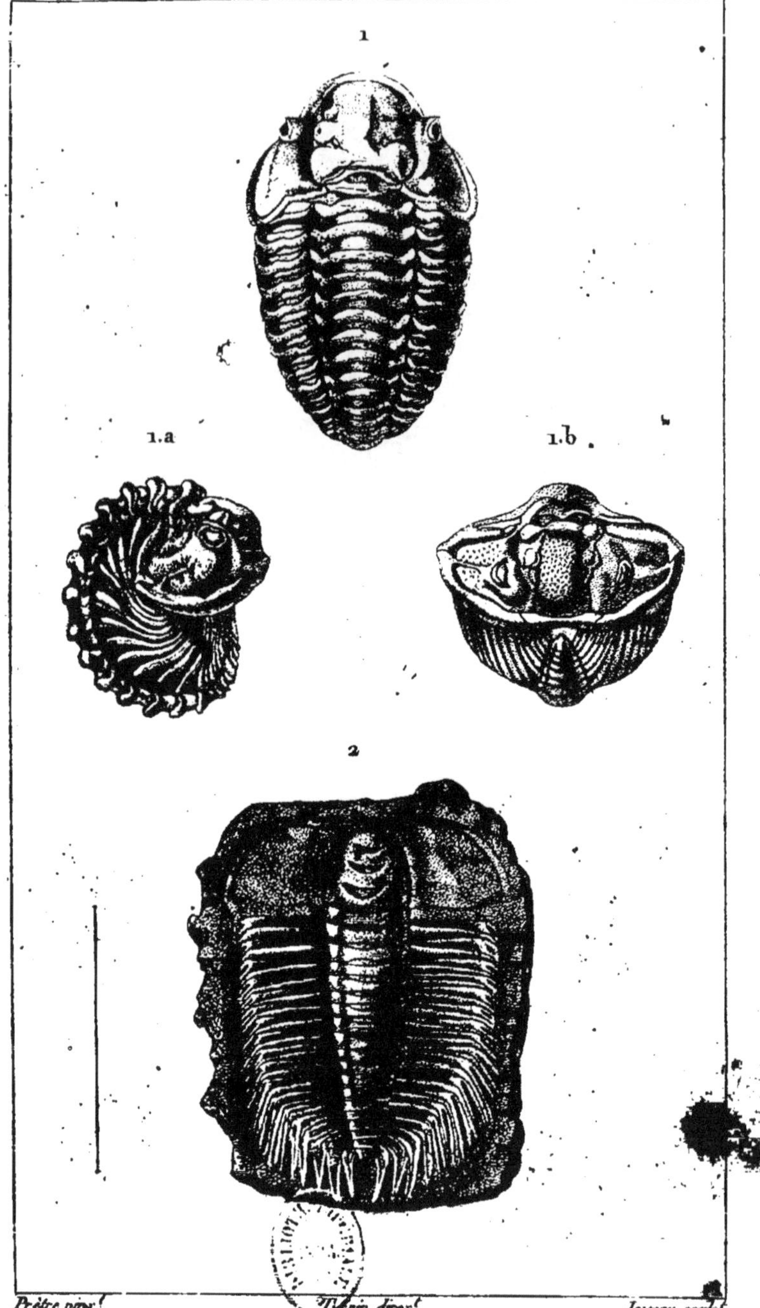

Prêtre pinx. Turpin direx. Joyeau sculp.

1. CALYMÈNE de Blumenbach. *(Brong.) individu étendu.*

1. a. *Id. contracté vu de profil.* 1. b. *Id. vu de face.*

2. PARADOXIDE spinuleux. *(Brong.)*

www.ingramcontent.com/pod-product-compliance
Ingram Content Group UK Ltd.
Pitfield, Milton Keynes, MK11 3LW, UK
UKHW021137260726
13994UKWH00001B/189

9 782329 355559